중학 수학까지 연결되는 비와 비례 끝내기!

징검다리 교육연구소, 김정은 지음

바쁜 초등학생을 위한 빠른 비와 비례

한 권으로 총정리!

- 비와 비율
- 비례식과 비례배분
- 정비례와 반비례

이지스에듀

지은이 징검다리 교육연구소, 김정은

징검다리 교육연구소는 바쁜 친구들을 위한 빠른 학습법을 연구하는 이지스에듀의 공부 연구소입니다.
아이들이 기계적으로 공부하지 않도록, 두뇌가 활성화되는 과학적 학습 설계가 적용된 책을 만듭니다.

김정은 선생님은 비상교육, 좋은책 신사고, NE능률에서 초등 교재를 기획, 집필, 개발해 왔습니다.
그동안 쎈 수학, 우공비, NE매쓰펀, 수능까지 이어지는 초등 대수학, 유형 더블 등 다양한 교재와 디지털 콘텐츠를
기획하고 개발해 온 초등 수학 전문 개발자입니다.

바빠 연산법 - 10일에 완성하는 영역별 연산 시리즈

바쁜 초등학생을 위한 빠른 비와 비례

초판 발행 2022년 9월 20일
초판 3쇄 2024년 6월 30일
지은이 징검다리 교육연구소, 김정은
발행인 이지연
펴낸곳 이지스퍼블리싱(주)
출판사 등록번호 제313-2010-123호
주소 서울시 마포구 잔다리로 109 이지스빌딩 5층(우편번호 04003)
대표전화 02-325-1722 팩스 02-326-1723
이지스퍼블리싱 홈페이지 www.easyspub.com 이지스에듀 카페 www.easysedu.co.kr
바빠 아지트 블로그 bolg.naver.com/easyspub 인스타그램 @easys_edu
페이스북 www.facebook.com/easyspub2014 이메일 service@easyspub.co.kr

본부장 조은미 기획 및 책임 편집 김현주 | 박지연, 정지연, 이지혜 교정 교열 방혜영 문제 검수 김해경
표지 및 내지 디자인 정우영 그림 김학수, 이츠북스 전산편집 이츠북스 인쇄 보광문화사
영업 및 문의 이주동, 김요한(support@easyspub.co.kr) 마케팅 박정현, 한송이, 이나리 독자 지원 오경신, 박애림

ISBN 979-11-6303-397-4 64410
ISBN 979-11-6303-253-3(세트)
가격 12,000원

"펑펑 쏟아져야 눈이 쌓이듯, 공부도 집중해야 실력이 쌓인다."

교과서 집필 교수, 영재교육 연구소, 수학 전문학원, 명강사들이 적극 추천하는 '바빠 연산법'

'바빠 연산법' 시리즈는 학생들이 수학적 개념의 이해를 통해 수학적 절차를 터득하도록 체계적으로 구성한 책입니다.

김진호 교수(초등 수학 교과서 집필진)

한 영역의 계산을 체계적으로 배치해 놓아 학생들이 '끝을 보려고 달려들기'에 좋은 구조입니다. 계산 속도와 정확성을 완벽한 경지로 올려 줄 것입니다.

김종명 원장(분당 GTG수학 본원)

사회생활을 잘하려면 인간 관계가 중요하듯이 수학을 잘하려면 수식 간의 관계를 이해하는 것이 중요합니다. '바빠 연산법-비와 비례'는 비와 비례식의 기초부터, 중·고등 과정에 필요한 개념까지 알기 쉽게 다루고 있어 수학과의 관계가 더욱 돈독해지도록 도와줄 것입니다!

김민경 원장(동탄 더원수학)

이 책은 비와 비율의 기초 개념부터 중학교 시험에 나오는 활용 문제까지 연습하도록 구성되어 있어요. 중학교 수학을 준비하는 고학년 친구들! 중학 수학에서 방정식의 활용과 정비례, 반비례에서 막힌 친구들! 꼭 '바빠 비와 비례' 교재를 만나 보기를 추천합니다.

남신혜 선생(명성 아카데미 학원)

연산 책의 앞부분만 풀다 말았다면 많은 문제 수에 치여서 싫어한다는 뜻입니다. 쉬운 내용은 압축, 어려운 내용은 충분히 연습하도록 구성해 학습 효율을 높인 '바빠 연산법'을 적극 추천합니다.

한정우 원장(일산 잇츠수학)

단순 반복 계산이 아닌 정확한 이해를 바탕으로 스스로 생각하는 힘을 길러주는 연산 책입니다. '바빠 연산법'은 수학의 자신감을 키워줄 뿐 아니라 심화·사고력 학습에도 도움을 줄 것입니다.

박지헌 원장(대치동 현수학학원)

친절한 개념 설명과 문제 풀이 비법까지 담겨 있어 연산 실력을 단기간에 끌어올릴 수 있는 최고의 교재입니다. 수학의 기초가 부족한 고학년 학생에게 '강추'합니다.

정경이 원장(하늘교육 문래학원)

'바빠 연산법' 시리즈는 수학적 사고 과정을 온전하게 통과하도록 친절하게 안내하는 길잡이입니다. 이 책을 끝낸 학생의 연필 끝에는 연산의 정확성과 속도가 장착되어 있을 거예요!

호사라 박사(분당 영재사랑 교육연구소)

중·고등 수학의 고득점을 결정하는 6학년 수학 '비와 비례' 총정리!

중·고등 수학 '함수'의 기초는 '비와 비율', '비례식과 비례배분' 두 단원이 결정한다!

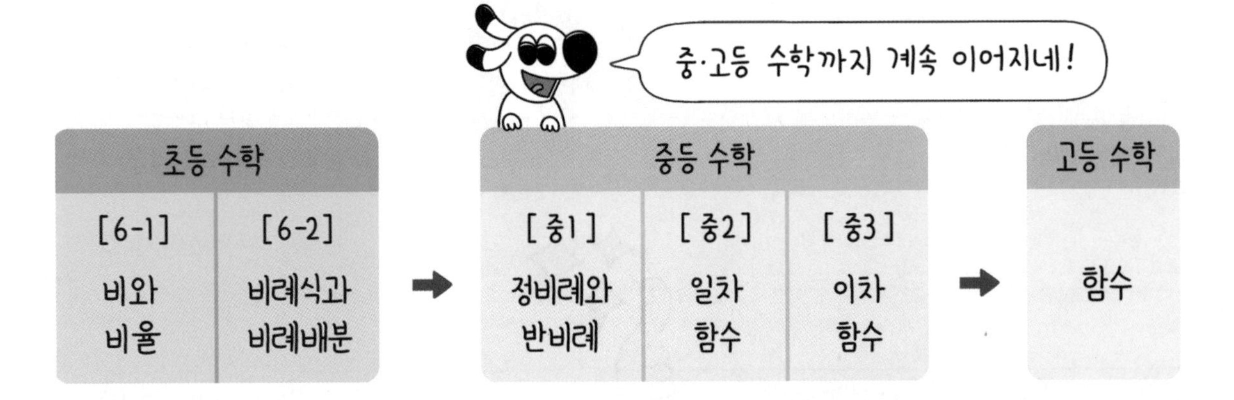

비와 비례! 왜 중요할까?

비와 비례는 초등 수학뿐만 아니라 중·고등 수학, 나아가 수능까지 영향을 주는 아주 중요한 개념입니다.

초등학교 6학년 1학기 '비와 비율'에서 비와 비율의 개념과 백분율을 배우고, 6학년 2학기 '비례식과 비례배분'에서 비의 성질과 그 성질을 활용한 다양한 유형의 문제를 연습합니다. 이후 이 두 단원은 중·고등 수학의 대부분을 차지하는 방정식, 부등식, 함수, 도형, 측정 등의 영역에 적용됩니다.

특히, 고등 수학의 90 %를 차지하는 '함수'를 잘하기 위해서는 초등 수학에서 '비와 비례'를 정확하게 알고 넘어가야 합니다.

또한 비와 비례에서 배우는 '소금물의 농도, 빠르기, 톱니바퀴'와 같은 유형의 활용 문제는 초등 수학 시험은 물론이고, 중·고등 수학 시험에도 자주 출제됩니다. 따라서 초등학교 6학년의 비와 비례를 잘하지 않으면 수학 시험에서 높은 점수를 받기 어려워집니다.

이렇게 중요한 비와 비례의 기초 개념을 배울 수 있는 기회는 초등학교 6학년, 딱 1년뿐입니다. 따라서 초등학교 6학년 때 그 원리와 성질을 정확하게 이해해 두어야 합니다.

비와 비례 어떻게 공부해야 할까?

'비와 비례'는 분수, 소수와도 깊게 연관되어 있어, 분수, 소수도 함께 학습하면 더 좋아요!

비와 비례의 활용 문제까지 척척 해결하려면 비와 비례의 개념과 성질을 완벽하게 이해한 다음, 이를 바탕으로 문제를 풀 수 있어야 합니다.

'바빠 비와 비례'에서는 개념을 이해한 다음 비와 비례의 의미와 성질을 되새기는 문제들을 연습하도록 구성했습니다.

먼저 핵심만 간략하게 정리된 한눈에 보는 개념으로 개념을 탄탄하게 학습하고, 비와 비례의 개념과 성질을 이해하는 문제를 충분히 푼 다음, 어려운 문제도 쉽게 해결할 수 있도록 활용 문제를 단계적으로 담았습니다.

또 초등 수학 개념이 적용되는 중학 수학 문제를 알아보고, 중학 수학에서 배우는 '정비례와 반비례'까지 연결 학습하도록 구성해 '비와 비례'의 원리를 더 쉽게 깨우칠 수 있습니다.

나눗셈식이~.
비가 되고~.
비율로도 나타낼 수 있어요.

2÷5 → 2 : 5 → $\frac{2}{5}$ 0.4 40%

분수 소수 백분율

탄력적 훈련으로 진짜 실력을 쌓는 효율적인 학습법!

'바빠 비와 비례'는 다른 바빠 시리즈들이 그렇듯 같은 시간을 들여도 더 효과적으로 실력을 쌓는 학습법을 제시합니다.

간단한 연습만으로도 쉽게 이해할 수 있는 단계는 빠르게 넘어가고, 더 많은 학습량이 필요한 단계는 더 훈련하도록 문제를 추가해 구성했습니다. 또한, 하루에 2~3단계씩 10~20일 안에 풀 수 있도록 구성하여 단기간 집중적으로 학습할 수 있습니다. 집중해서 공부하면 전체 맥락을 쉽게 이해할 수 있어서 한 권을 모두 푸는 데 드는 시간도 줄어들고, 펑펑 쏟아져야 눈이 쌓이듯, 한 분야만 빠르게 공부하니 실력도 쌓입니다.

'바빠 비와 비례'로 '비와 비율', '비례식과 비례배분'을 이해하고 비와 비례의 활용 문제까지 집중해서 연습하면 중·고등 수학 문제 풀이의 핵심 개념을 탄탄하게 잡을 수 있습니다.

선생님이 바로 옆에 계신 듯한 설명

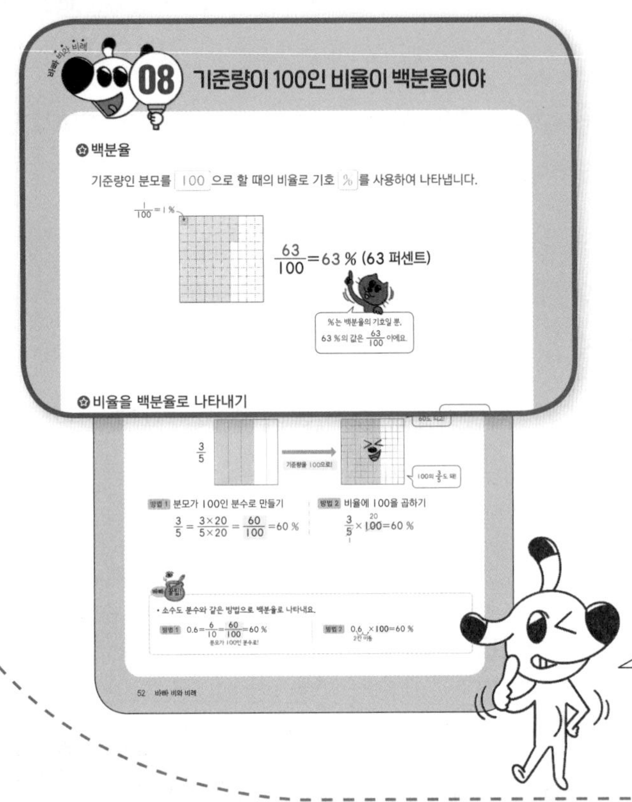
08 기준량이 100인 비율이 백분율이야

백분율

기준량인 분모를 100으로 할 때의 비율로 기호 %를 사용하여 나타냅니다.

$\frac{1}{100}=1\ \%$

$\frac{63}{100}=63\ \%$ (63 퍼센트)

비율을 백분율로 나타내기

$\frac{3}{5}$

방법 1 분모가 100인 분수로 만들기 $\frac{3}{5}=\frac{3\times20}{5\times20}=\frac{60}{100}=60\ \%$

방법 2 비율에 100을 곱하기 $\frac{3}{5}\times100=60\ \%$

• 소수도 분수와 같은 방법으로 백분율로 나타내요.

방법 1 $0.6=\frac{6}{10}=\frac{60}{100}=60\ \%$

방법 2 $0.6\times100=60\ \%$

무조건 풀지 않는다!
개념을 보고 '느낌 알면서~.'

비와 비례의 신속한 개념 학습을 위해 꼭 알아야 할 핵심 개념만 간략하게 정리한 비와 비례 필수 노트! 개념이 중요하다는 것, 알고 있지만 문제부터 풀고 싶은 마음은 떨쳐 버리긴 어렵지요? 문제를 풀기 전 꼭 읽고 넘어가세요. 개념을 알고 푸는 문제는 머릿속에 더 오래 기억될 거예요.

핵심만 간략히 담은 개념 학습!

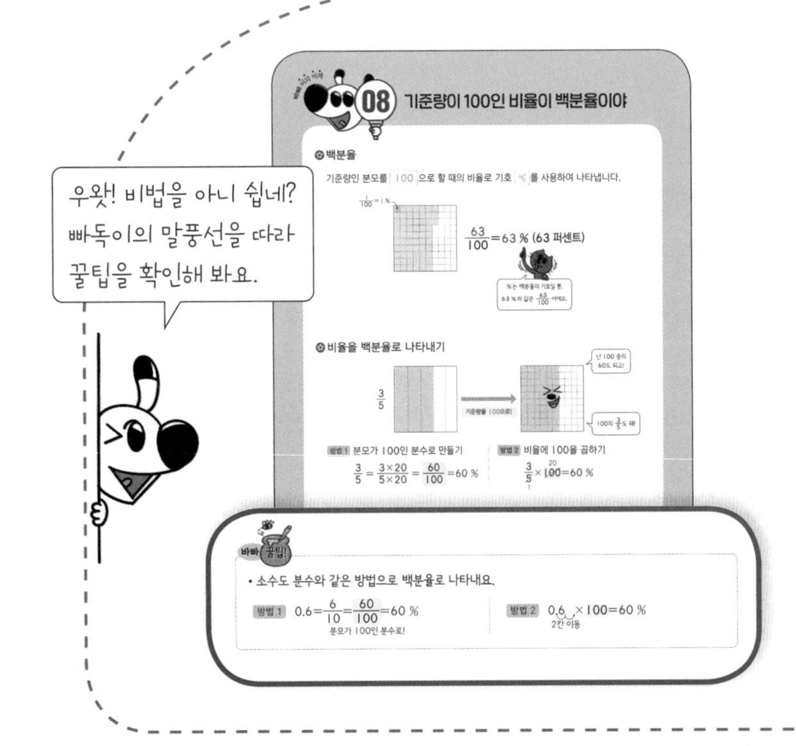
08 기준량이 100인 비율이 백분율이야

백분율

기준량인 분모를 100으로 할 때의 비율로 기호 %를 사용하여 나타냅니다.

$\frac{63}{100}=63\ \%$ (63 퍼센트)

비율을 백분율로 나타내기

$\frac{3}{5}$

방법 1 분모가 100인 분수로 만들기 $\frac{3}{5}=\frac{3\times20}{5\times20}=\frac{60}{100}=60\ \%$

방법 2 비율에 100을 곱하기 $\frac{3}{5}\times100=60\ \%$

바빠 꿀팁

• 소수도 분수와 같은 방법으로 백분율로 나타내요.

방법 1 $0.6=\frac{6}{10}=\frac{60}{100}=60\ \%$ 분모가 100인 분수로!

방법 2 $0.6\times100=60\ \%$ 2칸 이동

우왓! 비법을 아니 쉽네?
빠독이의 말풍선을 따라
꿀팁을 확인해 봐요.

책 속의 선생님!
'바빠 꿀팁'과 빠독이의 힌트로
선생님과 함께 푼다!

문제를 풀 때 알아두면 좋은 꿀팁부터 실수를 줄여주는 꿀팁까지! '바빠 꿀팁'과 책 곳곳에서 알려주는 빠독이의 힌트로 쉽게 이해하고 풀 수 있어요. 마치 혼자 푸는데도 친절한 선생님이 옆에 있는 것 같은 기분이 들 거예요.

종합 선물 같은 훈련 문제

실력을 쌓아 주는 바빠의 '작은 발걸음' 방식!

쉬운 내용은 빠르게 학습하고, 어려운 부분은 더 많이 훈련하도록 구성해 학습 효율을 높였어요. 또한 조금씩 수준을 높여 도전하는 바빠의 '작은 발걸음 방식(small step)'으로 몰입도를 높였어요.

느닷없이 어려워지지 않으니 끝까지 풀 수 있어요~.

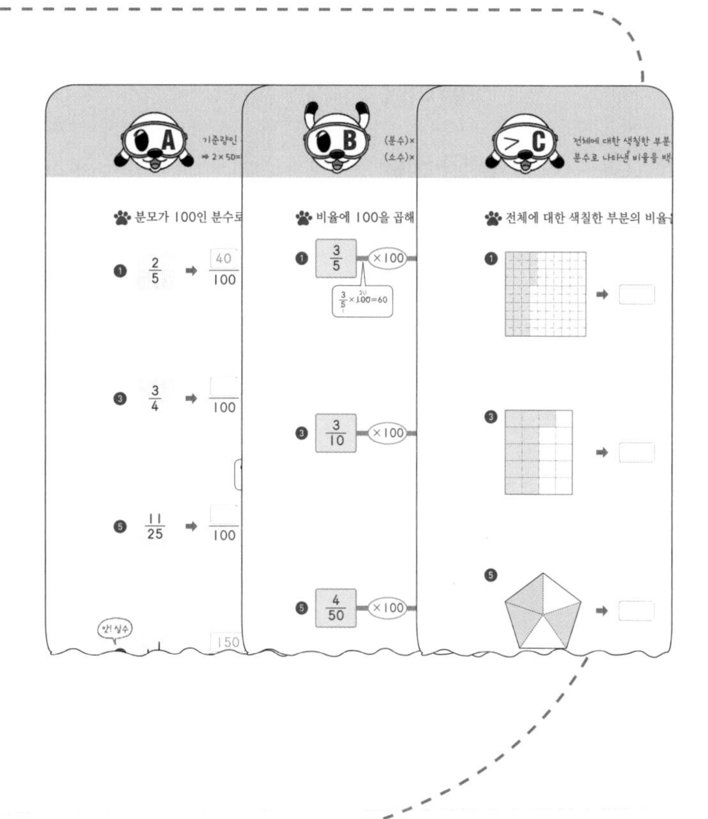

생활 속 언어로 이해하고, 게임으로 개념을 다시 확인하니 자신감이 저절로!

단순 계산력 문제만 연습하고 끝나지 않아요. 개념을 한 번 더 정리해 최종 점검할 수 있는 쉬운 문장제와 게임처럼 즐거운 연산 놀이터 문제로 완벽하게 자신의 것으로 만들면 자신감이 저절로!

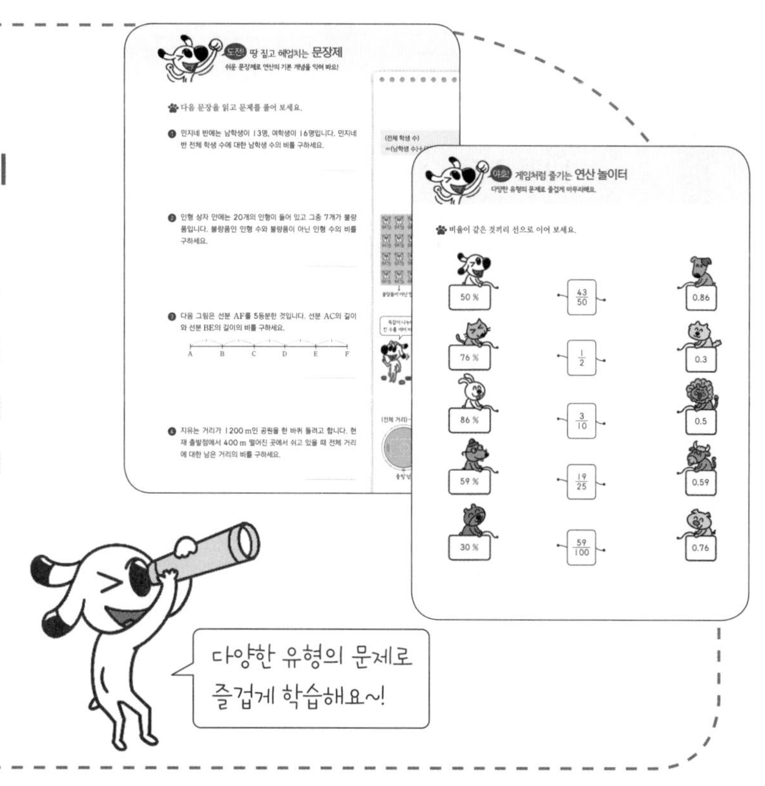

다양한 유형의 문제로 즐겁게 학습해요~!

차례

바쁜 초등학생을 위한 빠른 비와 비례

비와 비례 진단 평가

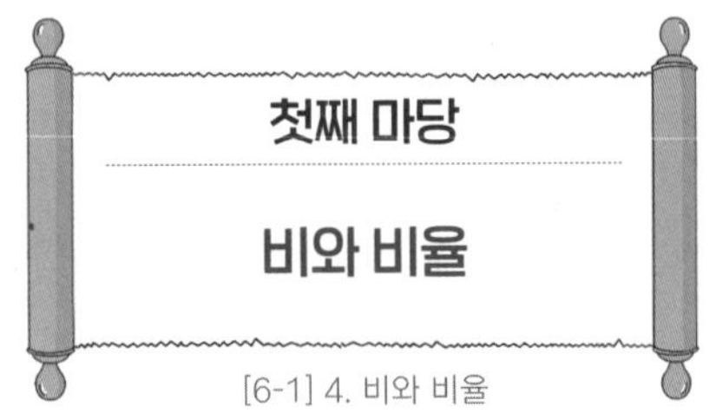

첫째 마당 비와 비율

[6-1] 4. 비와 비율

01 기호 : 을 사용하여 비를 나타내 14
02 전체는 더하고, 남은 양은 빼! 20
03 기준량은 분모로, 비교하는 양은 분자로! 26
04 비율로 기준량과 비교하는 양의 크기를 비교해 31
05 비율로 기준량이 다른 두 대상을 비교해 35
06 비율이 높을수록 인구가 밀집한 곳이야 40
07 비율이 높을수록 빠르기는 더 빨라 45

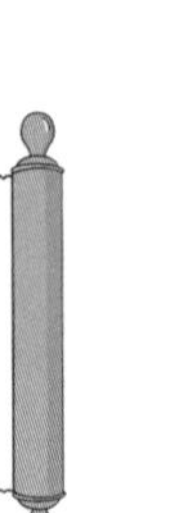

둘째 마당 백분율

[6-1] 4. 비와 비율

08 기준량이 100인 비율이 백분율이야 52
09 백분율만큼의 양은 전체와 비율의 곱이야 58
10 진하기가 높을수록 소금물은 더 짜 63
11 할인율이 높을수록 값은 더 저렴해 68

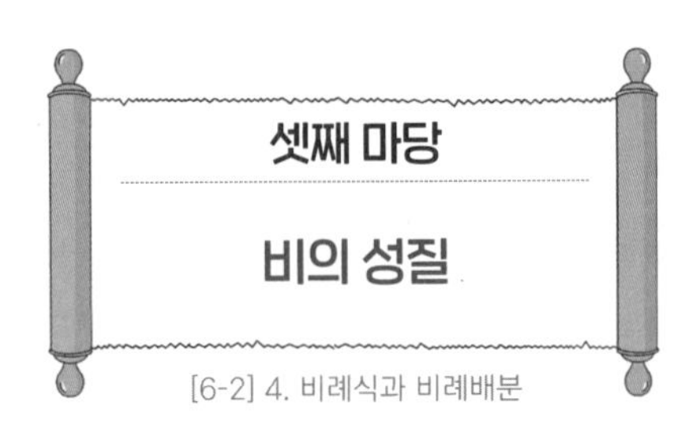

셋째 마당 비의 성질

[6-2] 4. 비례식과 비례배분

12 같은 수를 곱하거나 나누어도 비율은 같아 74
13 전항과 후항을 두 수의 최대공약수로 나누어 79
14 전항과 후항에 두 분모의 최소공배수를 곱해 84
15 두 항을 분수 또는 소수로 통일해 88

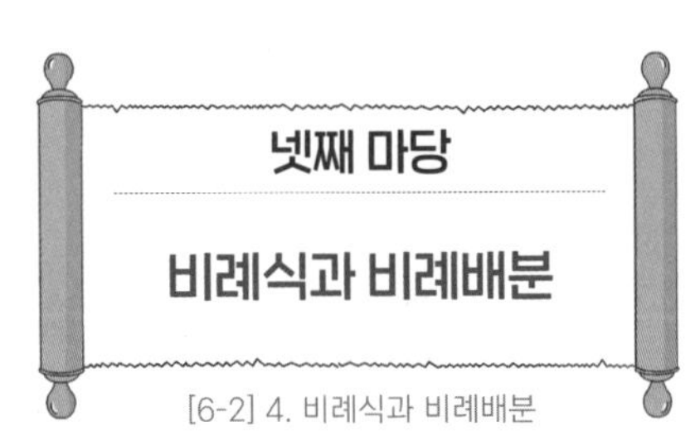

넷째 마당 비례식과 비례배분

[6-2] 4. 비례식과 비례배분

16 기호 =를 사용하여 비율이 같은 두 비를 나타내 94
17 외항의 곱과 내항의 곱은 같아 99
18 회전수의 비는 톱니 수의 비의 전항, 후항을 바꿔 105
19 전체를 주어진 비가 되도록 나눌 수 있어 110
20 비례배분하면 길이도, 넓이도 구할 수 있어 116

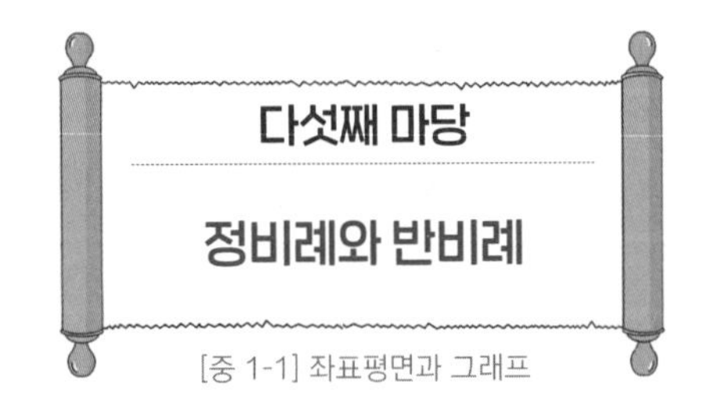

다섯째 마당 정비례와 반비례

[중 1-1] 좌표평면과 그래프

21 x가 2배 될 때 y도 2배 되면 정비례! 122
22 x가 2배 될 때 y가 $\frac{1}{2}$배 되면 반비례! 127
23 몫이 일정하면 정비례, 곱이 일정하면 반비례! 132

정답 및 풀이

바쁜 초등학생을 위한 빠른 비와 비례

고학년을 위한 10분 진단 평가

이 책은 6학년 2학기 수학 공부를 마친 친구들이 푸는 것이 좋습니다.
공부 진도가 빠른 5학년 학생 또는 비와 비례가 헷갈리는 중학생에게도 권장합니다.

10분 진단

평가 문항: 20문항

학습 진도가 5학년이나 6학년 1학기인
학생은 풀지 않아도 됩니다.
➔ 바로 20일 진도로 진행!

진단할 시간이 부족할 때

5분 진단

평가 문항: 10문항

학원이나 공부방 등에서
진단 시간이 부족할 때 사용!

시계가 준비됐나요?
자! 이제 제시된 시간 안에 진단 평가를 풀어 본 후
12쪽의 '권장 진도표'를 참고하여 공부 계획을 세워 보세요.

비와 비례 진단 평가 5~6학년 과정

①~⑧번은 비와 비례의 기본이 되는 분수, 소수, 약수와 배수 문제입니다.

다음을 약분하여 기약분수로 나타내세요.

① $\frac{12}{18}=$

② $\frac{24}{60}=$

두 수의 크기를 비교하여 ◯ 안에 >, <를 써넣으세요.

③ 3.050 ◯ 3.5

④ 2.79 ◯ 2.77

⑤ $\frac{3}{4}$ ◯ $\frac{5}{6}$

⑥ $1\frac{7}{10}$ ◯ $1\frac{8}{15}$

두 수의 최대공약수와 최소공배수를 순서대로 구하세요.

⑦ (24, 32) ➡

⑧ (63, 45) ➡

기호 :를 사용하여 비로 나타내세요.

⑨ 3에 대한 8의 비 ➡

⑩ 9의 11에 대한 비 ➡

비율을 분수와 소수로 각각 나타내세요.

⑪

비 \ 비율	분수	소수
3 : 5		

⑫

비 \ 비율	분수	소수
1 : 4		

비율을 백분율로 나타내세요.

⑬ $\frac{7}{10}$ ➡ ______

⑭ $\frac{4}{25}$ ➡ ______

비의 성질을 이용하여 비율이 같은 비로 나타내세요.

⑮

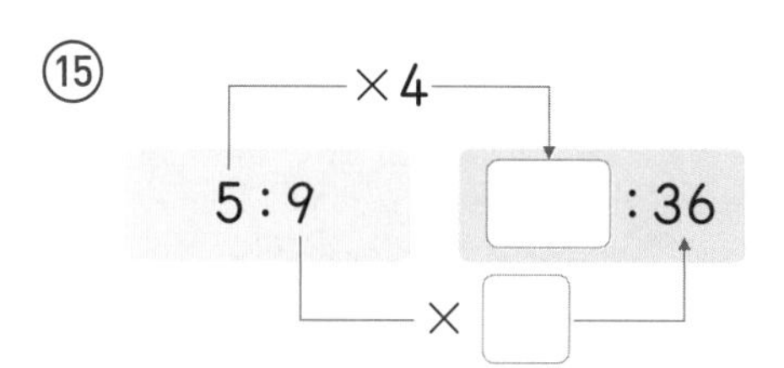

⑯

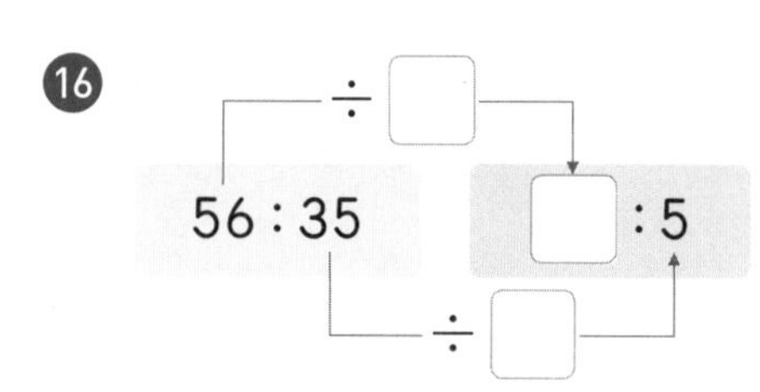

비율이 같은 비를 찾아 비례식을 완성하세요.

14 : 28　　6 : 5　　12 : 18　　7 : 5

⑰ 2 : 3 = ☐ : ☐

⑱ 35 : 25 = ☐ : ☐

주어진 수를 비례배분하여 나타내세요.

⑲ 40 | 3 : 2 ➡ ______

⑳ 81 | 4 : 5 ➡ ______

나만의 공부 계획을 세워 보자

다 맞았어요! → 예 → 공부할 준비가 잘 되었네요! **10일 진도표로** 빠르게 푸세요!

아니요

1~8번을 못 풀었어요. → 예 → **'바쁜 초등학생을 위한 빠른 약수와 배수'**를 먼저 풀고 다시 도전!

아니요

9~16번에 틀린 문제가 있어요. → 예 → 첫째 마당부터 차근차근 풀어 봐요! **20일 진도표로** 공부 계획을 세워 봐요!

아니요

17~20번에 틀린 문제가 있어요. → 예 → 단기간에 끝내는 **10일 진도표로** 공부 계획을 세워 봐요!

권장 진도표

★	20일 진도	10일 진도
1일	01~02	01~03
2일	03~04	04~05
3일	05	06~07
4일	06	08~09
5일	07	10~11
6일	08	12~13
7일	09	14~15
8일	10	16~18
9일	11	19~20
10일	12	21~23
11일	13	
12일	14	
13일	15	
14일	16~17	
15일	18	
16일	19	
17일	20	
18일	21	
19일	22	
20일	23	

진단 평가 정답

① $\frac{2}{3}$ ❷ $\frac{2}{5}$ ③ < ❹ > ⑤ < ❻ >

⑦ 8, 96 ❽ 9, 315 ⑨ 8 : 3 ❿ 9 : 11 ⑪ $\frac{3}{5}$, 0.6 ⓬ $\frac{1}{4}$, 0.25

⑬ 70 % ⓮ 16 % ⑮ (위에서부터) 20, 4 ⓰ (위에서부터) 7, 8, 7

⑰ 12, 18 ⓲ 7, 5 ⑲ 24, 16 ⓴ 36, 45

첫째 마당

비와 비율

두 수를 나눗셈으로 비교하기 위해 기호 :을 사용하여 나타낸 것이 '비'이고, 기호 :은 간단히 '대'라고 읽어요. 비를 기준량에 대한 비교하는 양의 크기로 나타낸 것이 '비율'이에요. 비와 비율에서는 '기준'을 찾는 것이 가장 중요해요. 기준이 다른 두 비를 비율로 나타낸 다음 기준을 같게 만들어 크기를 비교하는 것이 비와 비율의 핵심이에요.

공부할 내용!	완료	10일 진도	20일 진도
01 기호 :을 사용하여 비를 나타내	☑	1일차	1일차
02 전체는 더하고, 남은 양은 빼!	☐		
03 기준량은 분모로, 비교하는 양은 분자로!	☐		2일차
04 비율로 기준량과 비교하는 양의 크기를 비교해	☐	2일차	
05 비율로 기준량이 다른 두 대상을 비교해	☐		3일차
06 비율이 높을수록 인구가 밀집한 곳이야	☐	3일차	4일차
07 비율이 높을수록 빠르기는 더 빨라	☐		5일차

기호 : 을 사용하여 비를 나타내

비: 두 수를 나눗셈 으로 비교하기 위해 기호 : 을 사용하여 나타낸 것

나눗셈식 수박 수는 사과 수의 3÷5(배)
(수박 수: 3, 사과 수: 5)

÷ 대신 기호 : 을 써요!

비 수박 수와 사과 수의 비 3 : 5

3 : 5는 3이 5의 몇 배인가를 나타내요.

비를 읽는 방법

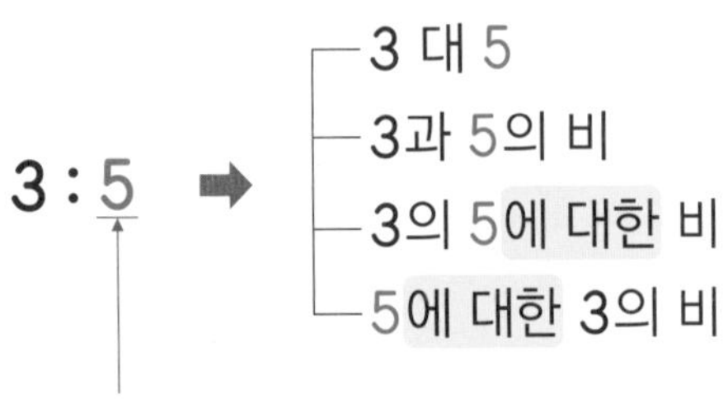

3 : 5 ➡
- 3 대 5
- 3과 5의 비
- 3의 5에 대한 비
- 5에 대한 3의 비

기준이 되는 수를 기호 : 의 오른쪽에 써요.

'■에 대한'에서 ■가 기준이에요.

• 3 : 5와 5 : 3은 다르다!

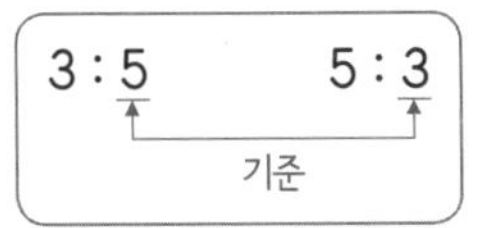

3 : 5는 기준이 5이고, 5 : 3은 기준이 3이에요.
3 : 5와 5 : 3은 기준이 다르므로 서로 다른 비예요.

나눗셈식의 ÷ 대신 기호 :을 사용하여 비를 나타내어 보세요.
나눗셈식을 비로 나타낼 때 두 수의 위치는 변하지 않는다는 것, 기억해요!

두 수를 비교하는 나눗셈식과 비를 각각 쓰세요.

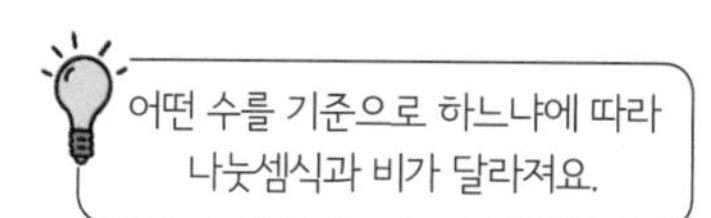

❶ 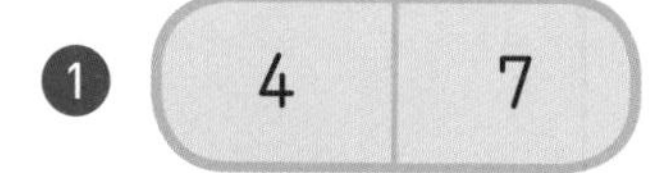

나눗셈식 4는 7의 [4] ÷ 7(배)

비 4와 7의 비 [4] : 7

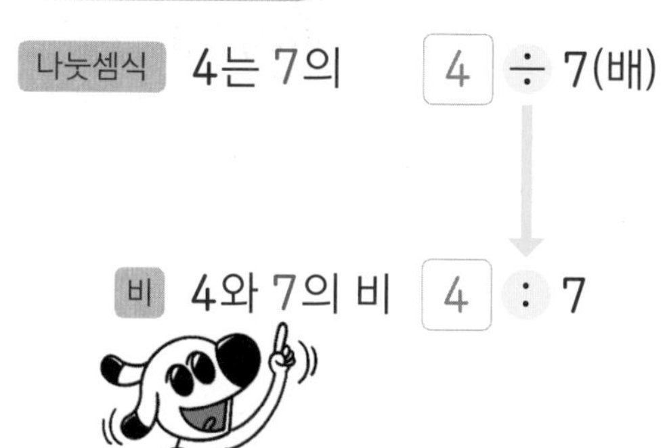

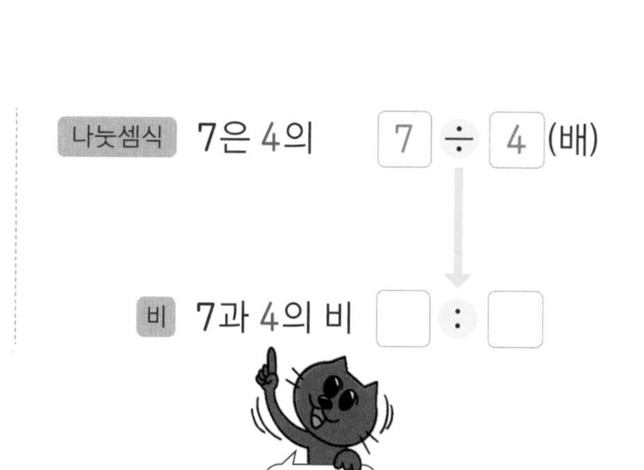

❷ 

❸ 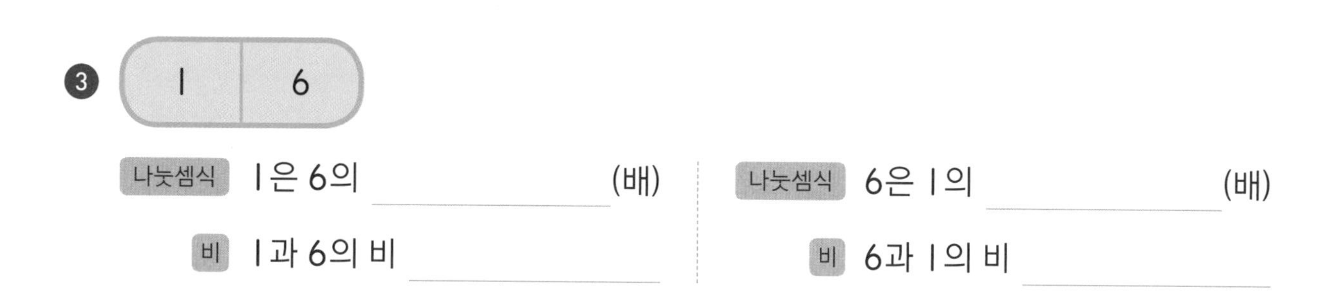

비를 읽는 방법 중 두 수의 순서가 바뀌는 것에 주의해요.

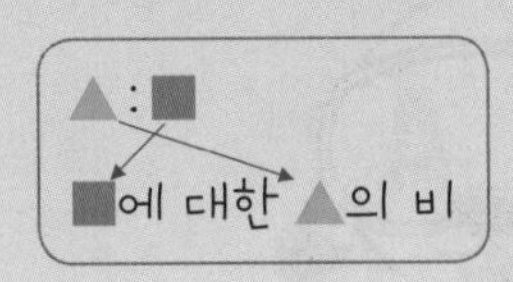

두 수가 들어갈 칸을 찾아 선을 긋고, □ 안에 알맞은 수를 써넣으세요.

❶ 2 : 3

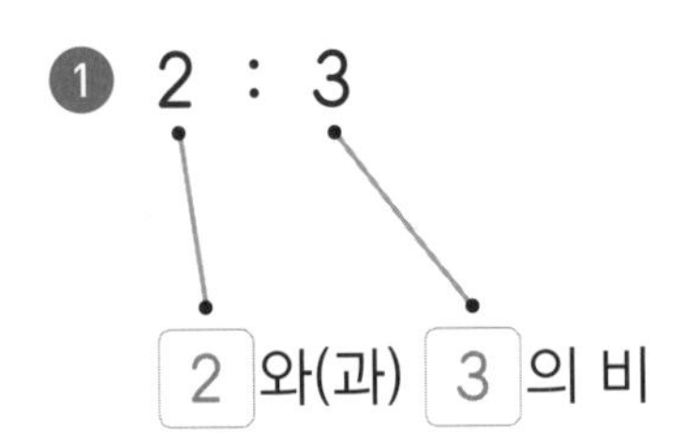

❷ 5 : 2

□ 대 □

❸ 7 : 1

□의 □에 대한 비

❹ 3 : 8

□와(과) □의 비

❺ 10 : 11

□에 대한 □의 비

❻ 16 : 13

□의 □에 대한 비

❼ 11 : 15

□에 대한 □의 비

가장 먼저 기준이 되는 수를 찾아 기호 :의 오른쪽에 쓰고
남은 수를 기호 :의 왼쪽에 써요.

기호 :을 사용하여 나타내세요.

❶ 2 대 3

➡ (2 : 3)

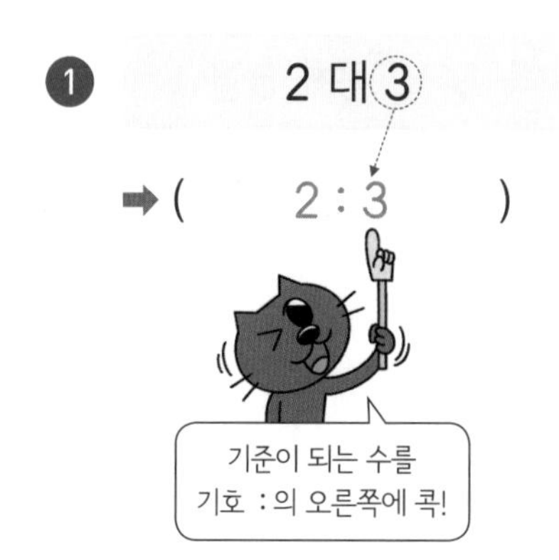

❷ 8의 2에 대한 비

➡ ( )

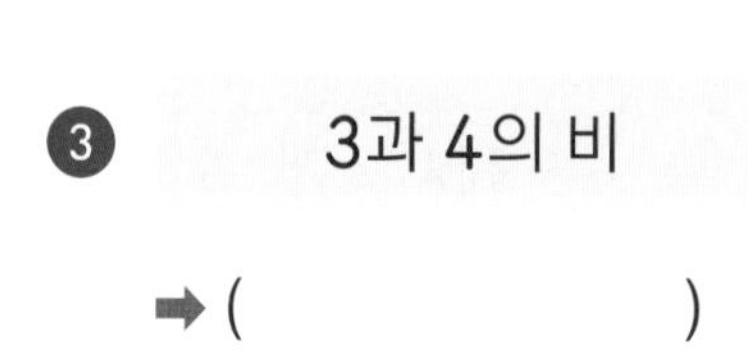

❸ 3과 4의 비

➡ ( )

❹ 4에 대한 7의 비

➡ (7 : 4)

❺ 9 대 5

➡ ( )

❻ 12와 7의 비

➡ ( )

❼ 11에 대한 5의 비

➡ ( )

❽ 15의 23에 대한 비

➡ ( )

물건 수를 숫자로 바꿔서 읽으면 실수를 줄일 수 있을 거예요.
수박 수와 사과 수의 비 ➡ 3과 5의 비 ➡ 3 : 5

🐾 ☐ 안에 알맞은 수를 써넣으세요.

❶ 사과 5개 — 귤 6개

사과 수와 귤 수의 비

➡ 5 와(과) 6 의 비

➡ 5 : 6

❷ 책 2권 — 공책 5권

책 수에 대한 공책 수의 비

➡ ☐ 에 대한 ☐ 의 비

➡ ☐ : ☐

❸ 감자 3개 — 고구마 7개

고구마 수의 감자 수에 대한 비

➡ ☐ 의 ☐ 에 대한 비

➡ ☐ : ☐

❹ 컵 8개 — 접시 4개

접시 수와 컵 수의 비

➡ ☐ 와(과) ☐ 의 비

➡ ☐ : ☐

❺ 가위 14개 — 풀 11개

가위 수에 대한 풀 수의 비

➡ ☐ : ☐

❻ 젤리 10개 — 사탕 13개

사탕 수의 젤리 수에 대한 비

➡ ☐ : ☐

❼ 색종이 12장 — 도화지 15장

도화지 수와 색종이 수의 비

➡ ☐ : ☐

❽ 공 16개 — 줄넘기 17개

공 수에 대한 줄넘기 수의 비

➡ ☐ : ☐

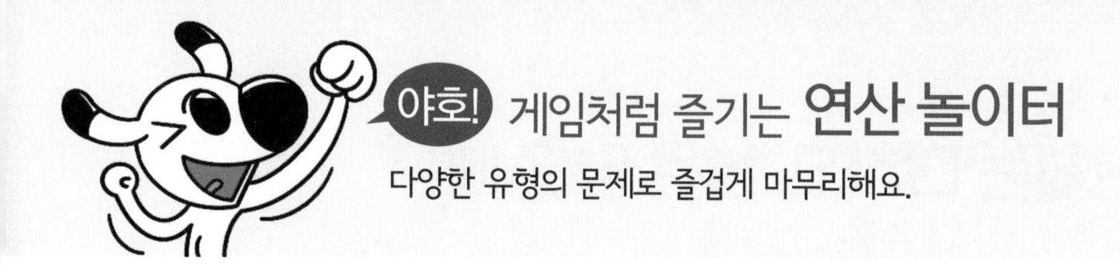

사다리를 타고 내려가 도착한 곳에 기호 :을 사용하여 비를 쓰세요.

전체는 더하고, 남은 양은 빼!

전체가 포함된 비 나타내기

두 양의 합 으로 전체를 구한 다음 비로 나타냅니다.

3 + 5 = 8

수박 수 / 사과 수 / 전체 과일 수

(수박 수) : (전체 과일 수) ➡ 3 : 8

남은 양이 포함된 비 나타내기

전체 에서 주어진 양을 빼서 남은 양을 구한 다음 비로 나타냅니다.

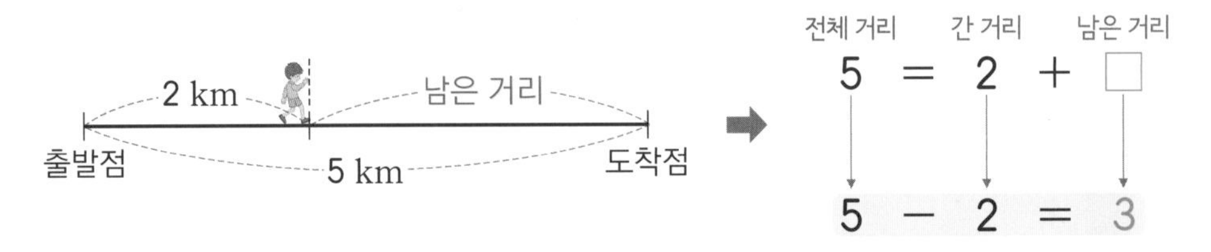

전체 거리 / 간 거리 / 남은 거리

5 = 2 + □

5 − 2 = 3

(남은 거리) : (전체 거리) ➡ 3 : 5

• 실제 길이 또는 넓이를 몰라도 비는 구할 수 있다!

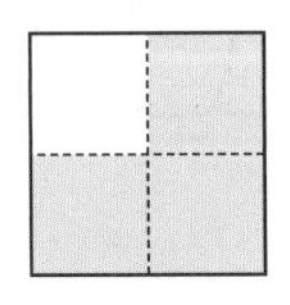

(색칠한 부분) : (전체) ➡ 3 : 4

두 양의 합으로 전체를 구해 보세요.
비로 나타낼 때 가장 먼저 기준이 무엇인지 확인하는 것! 잊지 않았죠?

☐ 안에 알맞은 수를 써넣으세요.

1

전체 공 수에 대한 농구공 수의 비 ➡ 5 : 9

전체 공 수와 축구공 수의 비 ➡ ☐ : ☐

전체 공 수의 농구공 수에 대한 비 ➡ ☐ : ☐

전체 공 수는
4+5=9(개)예요.

2

지우개 수의 전체 학용품 수에 대한 비 ➡ ☐ : ☐

연필 수와 지우개 수의 비 ➡ ☐ : ☐

전체 학용품 수에 대한 연필 수의 비 ➡ ☐ : ☐

3

탬버린 수에 대한 전체 악기 수의 비 ➡ ☐ : ☐

기타 수의 전체 악기 수에 대한 비 ➡ ☐ : ☐

탬버린 수와 기타 수의 비 ➡ ☐ : ☐

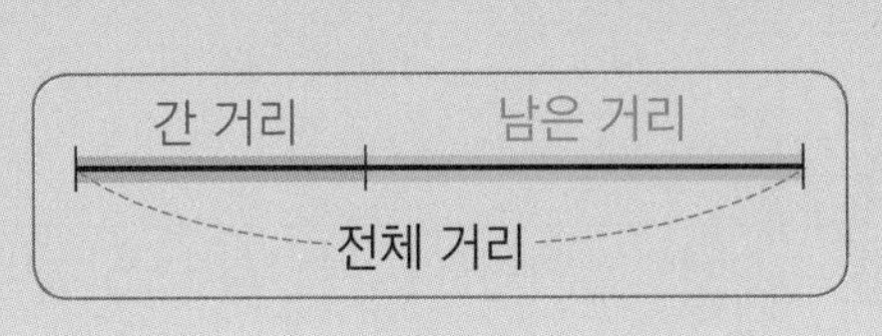

(간 거리)+(남은 거리)=(전체 거리)
➡ (남은 거리)=(전체 거리)-(간 거리)

🐾 민수의 위치를 보고 거리의 비를 구하세요.

❶

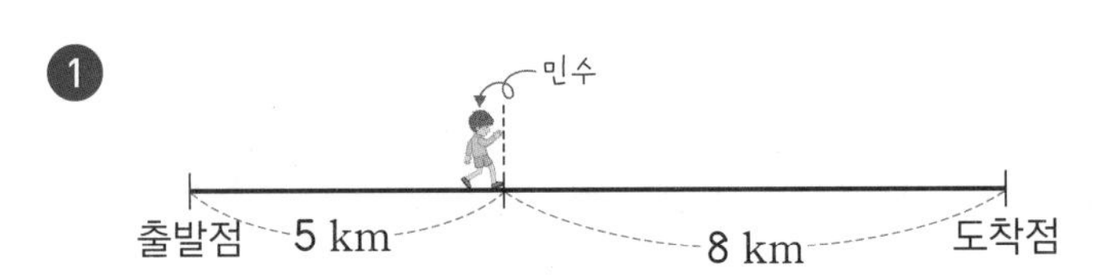

(간 거리) : (남은 거리)

➡ ☐ : ☐

❷

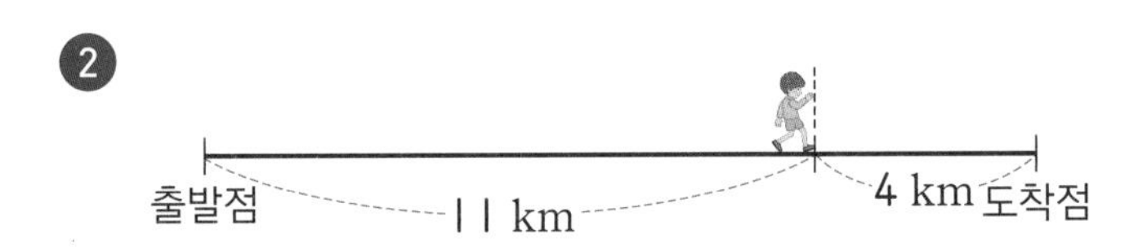

(간 거리) : (전체 거리)

➡ ☐ : ☐

❸

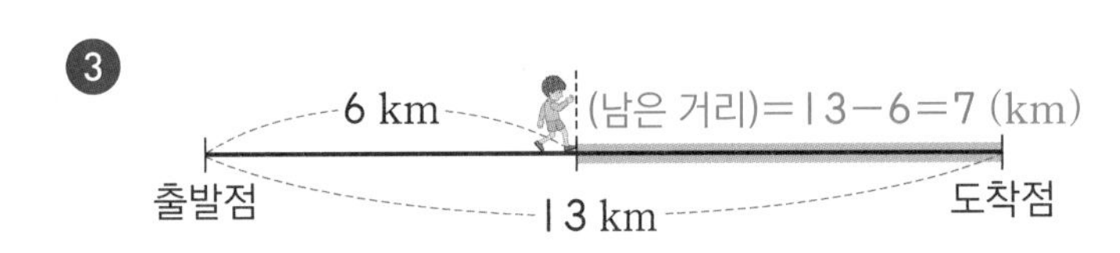

(남은 거리) : (전체 거리)

➡ 7 : ☐

❹

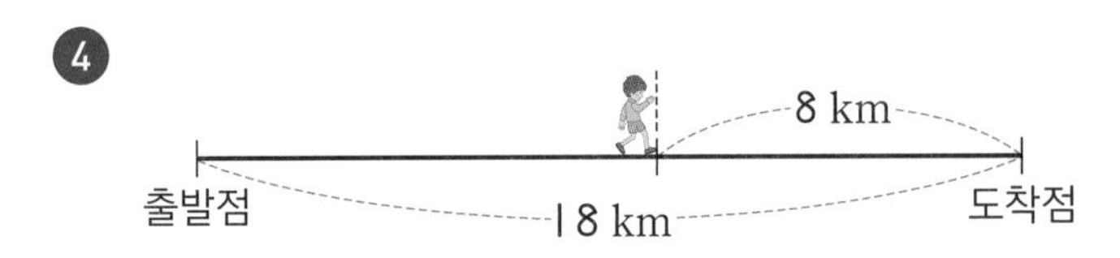

(간 거리) : (전체 거리)

➡ ☐ : ☐

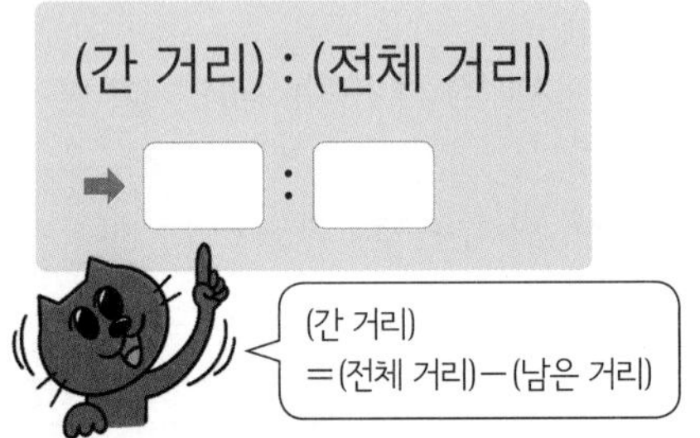

똑같이 나누어진 조각의 칸 수를 세어 비를 구해 보세요.
문제를 풀면서 비의 특이점을 찾아보세요.

전체에 대한 색칠한 부분의 비를 구하세요.

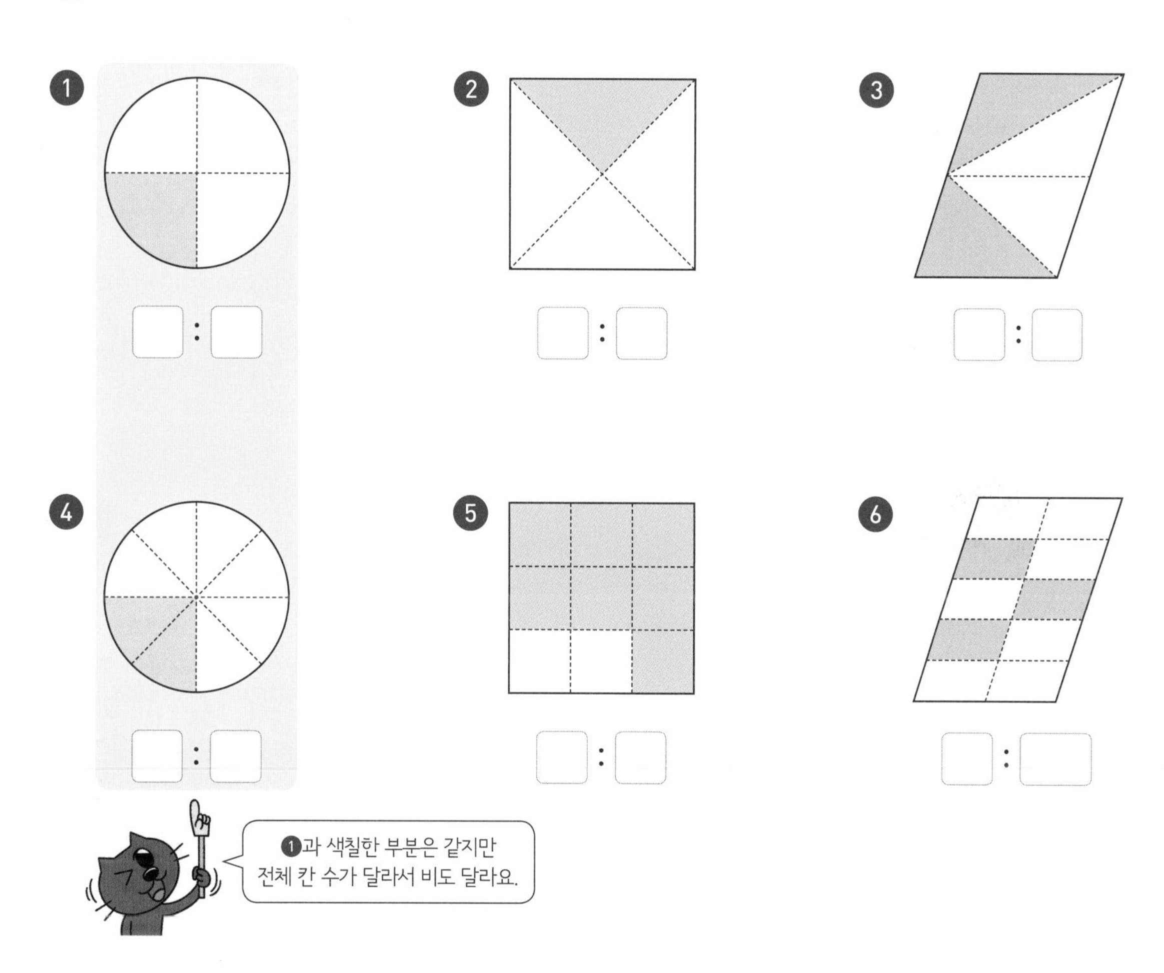

색칠한 부분과 색칠하지 않은 부분의 비를 구하세요.

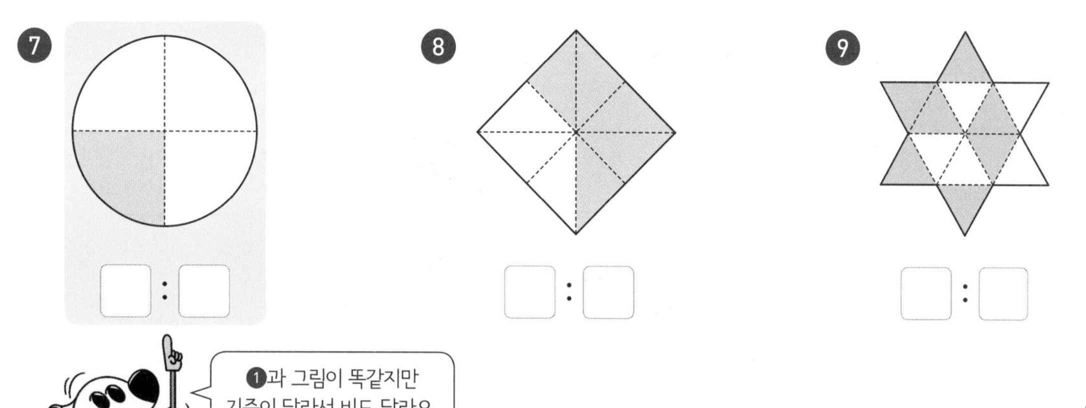

중점은 선분을 이등분하는 점으로 선분의 중앙에 있어요.

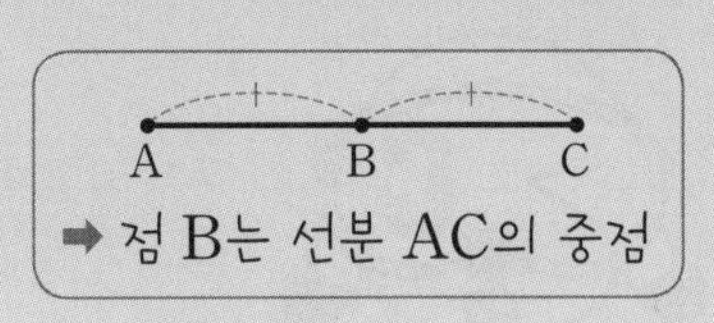

🐾 점 B는 선분 AC의 중점, 점 C는 선분 AE의 중점, 점 D는 선분 CE의 중점일 때 다음 선분의 길이의 비를 구하세요.

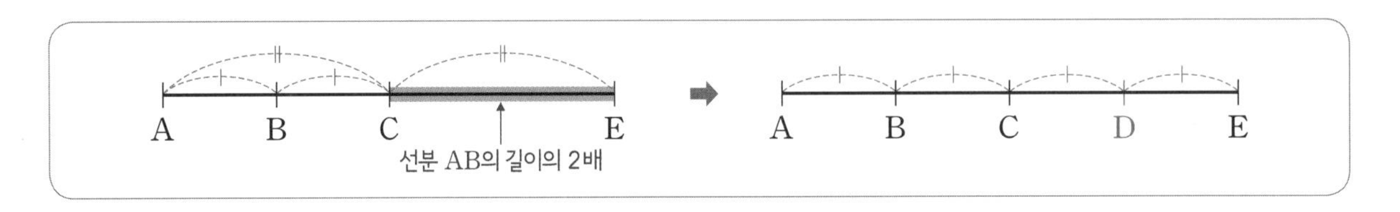

❶ (선분 AB의 길이) : (선분 BD의 길이)

➡ 1 칸 : 2 칸

➡ 1 : 2

실제 길이를 몰라도 똑같이 나누어진 칸 수를 세어 비를 구할 수 있어요.

❷ (선분 AC의 길이) : (선분 BE의 길이)

➡ ☐ 칸 : ☐ 칸

➡ ☐ : ☐

❸ (선분 BC의 길이) : (선분 DE의 길이)

➡ ☐ 칸 : ☐ 칸

➡ ☐ : ☐

❹ (선분 CE의 길이) : (선분 DE의 길이)

➡ ☐ 칸 : ☐ 칸

➡ ☐ : ☐

❺ (선분 BE의 길이) : (선분 AE의 길이)

➡ ☐ 칸 : ☐ 칸

➡ ☐ : ☐

❻ (선분 CD의 길이) : (선분 AD의 길이)

➡ ☐ 칸 : ☐ 칸

➡ ☐ : ☐

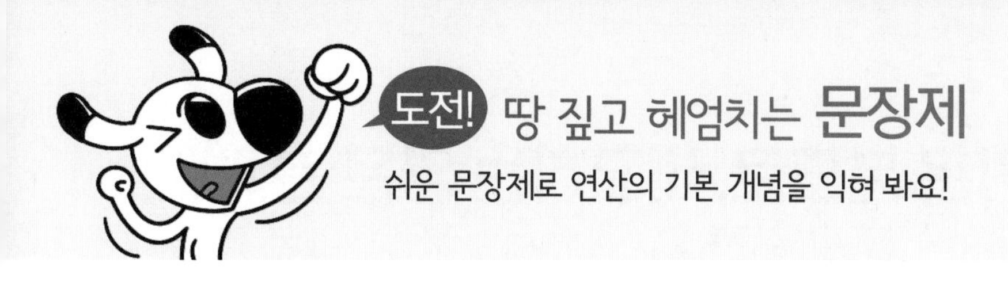

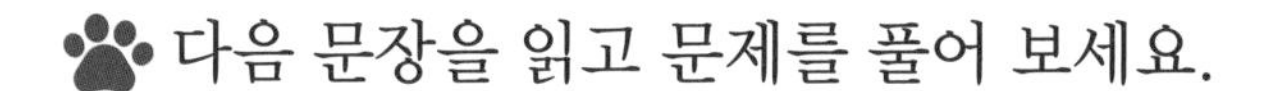

❶ 민지네 반에는 남학생이 13명, 여학생이 16명입니다. 민지네 반 전체 학생 수에 대한 남학생 수의 비를 구하세요.

(전체 학생 수)
=(남학생 수)+(여학생 수)

____

❷ 인형 상자 안에는 20개의 인형이 들어 있고 그중 7개가 불량품입니다. 불량품인 인형 수와 불량품이 아닌 인형 수의 비를 구하세요.

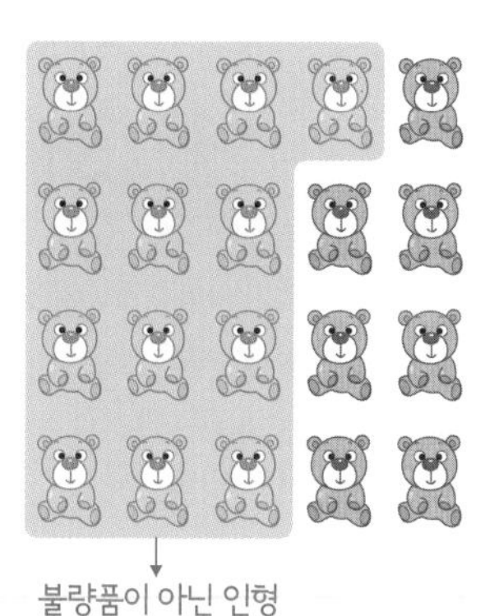

____

❸ 다음 그림은 선분 AF를 5등분한 것입니다. 선분 AC의 길이와 선분 BE의 길이의 비를 구하세요.

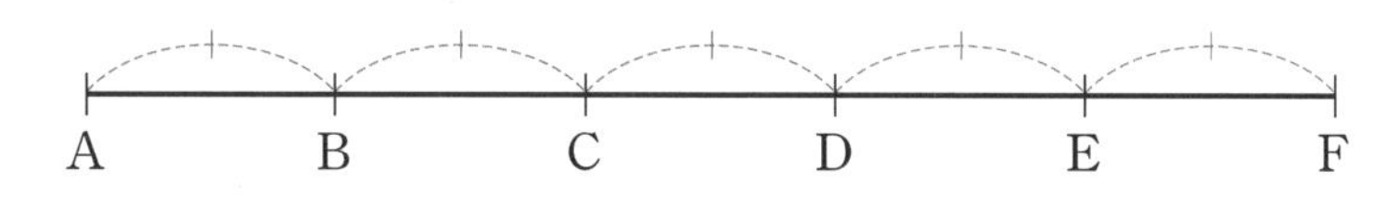

똑같이 나누어져 있으므로
긴 수를 세어 비를 구해 보세요.

____

❹ 지유는 거리가 1200 m인 공원을 한 바퀴 돌려고 합니다. 현재 출발점에서 400 m 떨어진 곳에서 쉬고 있을 때 전체 거리에 대한 남은 거리의 비를 구하세요.

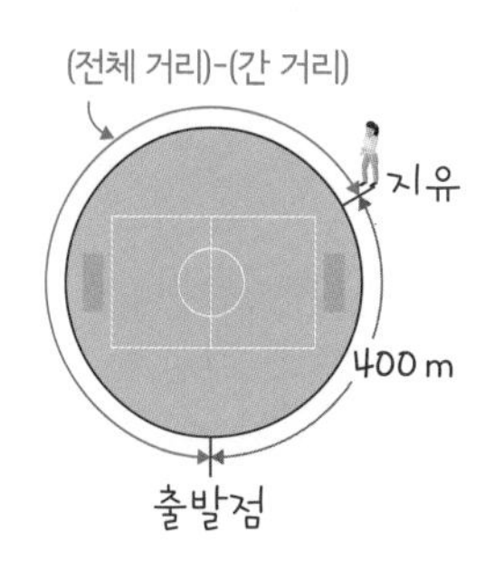

____

기준량은 분모로, 비교하는 양은 분자로!

✪ 기준량과 비교하는 양

기호 :의 왼쪽에 있는 수는 비교하는 양, 오른쪽에 있는 수는 기준량입니다.

✪ 비율

비의 값을 나타낸 것으로 (비교하는 양)÷(기준량)의 몫입니다.

3 : 5의 비율 —(3÷5의 몫)→ $\frac{3}{5}$

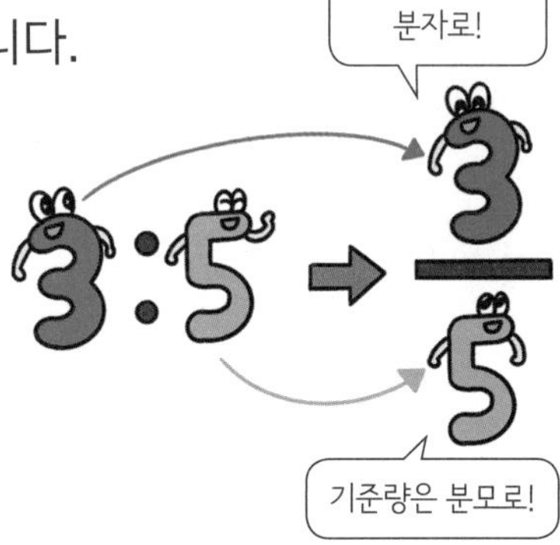

✪ 비율을 소수로 나타내기

방법 1 분수를 소수로 바꾸기

$3:5 \Rightarrow \frac{3}{5}=\frac{6}{10}=0.6$

분모를 10, 100……으로 만들어요.

방법 2 몫을 소수로 구하기

$3:5 \Rightarrow 3\div5=0.6$

바빠 꿀팁!

• 비와 비율은 어떻게 다를까요?

비		비율
3 : 5	→	$\frac{3}{5}$
3이 5의 몇 배인지 기호로 나타낸 것	→	비의 값을 하나의 수로 나타낸 것

기호 :의 왼쪽에 있는 수는 비교하는 양,
기호 :의 오른쪽에 있는 수는 기준량이에요.

조건에 알맞은 비를 모두 찾아 ○표 하세요.

❶ 기준량이 비교하는 양보다 큰 비

2 : 3　　1 : 5　　7 : 3　　5 : 5　　6 : 1

❷ 비교하는 양이 기준량보다 큰 비

1 : 1　　3 : 8　　6 : 5　　10 : 7　　5 : 9

❸ 기준량이 9 이상인 비

6 : 10　　11 : 5　　9 : 2　　13 : 9　　2 : 15

❹ 비교하는 양이 10 미만인 비

7 : 11　　14 : 9　　12 : 15　　3 : 10　　10 : 6

비교하는 양은 분자로, 기준량은 분모로 하여 비율을 분수로 나타내세요.

비율을 기약분수로 나타내세요.

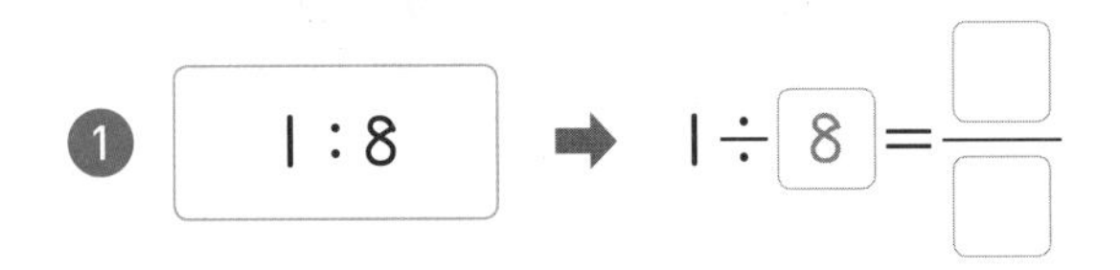

① 1 : 8 ➡ 1 ÷ 8 = $\frac{\square}{\square}$

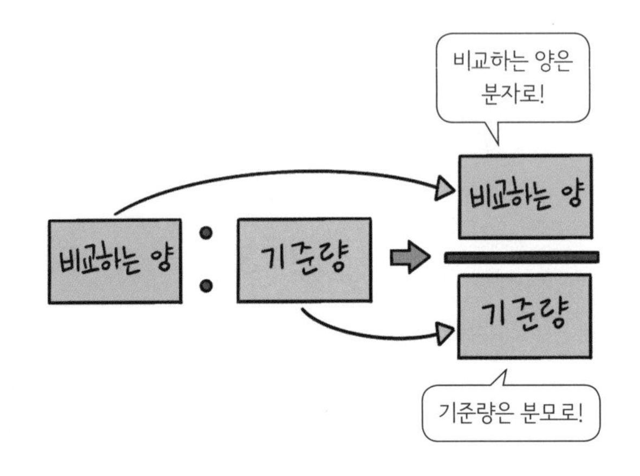

② 9 : 10 ➡ 9 ÷ $\square$ = $\frac{\square}{\square}$

③ 7 : 50 ➡ $\square$ ÷ $\square$ = $\frac{\square}{\square}$

④ 2 : 10 ➡ $\square$ ÷ $\square$ = $\frac{\square}{\square}$ = $\frac{\square}{\square}$

⑤ 6 : 15 ➡ $\square$ ÷ $\square$ = $\frac{\square}{\square}$ = $\frac{\square}{\square}$

⑥ 21 : 14 ➡ $\square$ ÷ $\square$ = $\frac{\square}{\square}$ = $\frac{\square}{\square}$

비율을 소수로 나타낼 때는
분모가 10, 100, 1000 등인 분수로 나타내거나 나눗셈의 몫을 소수로 나타내요.

비율을 기약분수와 소수로 나타내세요.

① 1과 10의 비

분수 ______ , 소수 ______

② 100에 대한 21의 비

분수 ______ , 소수 ______

③ 2 대 4

분수 $\frac{1}{2}$, 소수 0.5

$\frac{1}{2}=\frac{1\times5}{2\times5}=\frac{5}{10}=0.5$

④ 15의 12에 대한 비

분수 ______ , 소수 ______

⑤ 3과 25의 비

분수 ______ , 소수 ______

⑥ 18 대 16

분수 ______ , 소수 ______

⑦ 28에 대한 7의 비

분수 ______ , 소수 ______

⑧ 111의 125에 대한 비

분수 ______ , 소수 ______

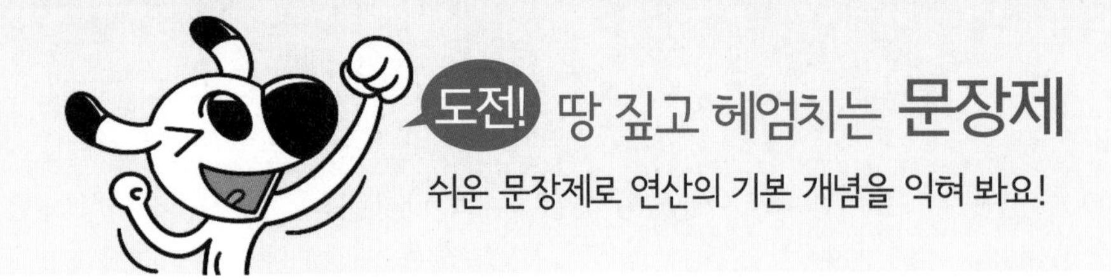

도전! 땅 짚고 헤엄치는 문장제

쉬운 문장제로 연산의 기본 개념을 익혀 봐요!

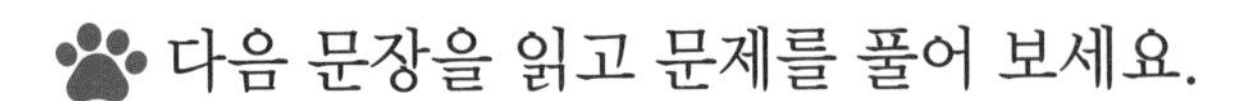

다음 문장을 읽고 문제를 풀어 보세요.

❶ 비교하는 양이 2, 기준량이 7인 비의 비율을 분수로 나타내면 얼마일까요?

(비교하는 양) : (기준량)
➡ $(\text{비율})=\dfrac{(\text{비교하는 양})}{(\text{기준량})}$

____

❷ 주어진 비의 비율을 소수로 나타내면 얼마일까요?

6 : 5

____

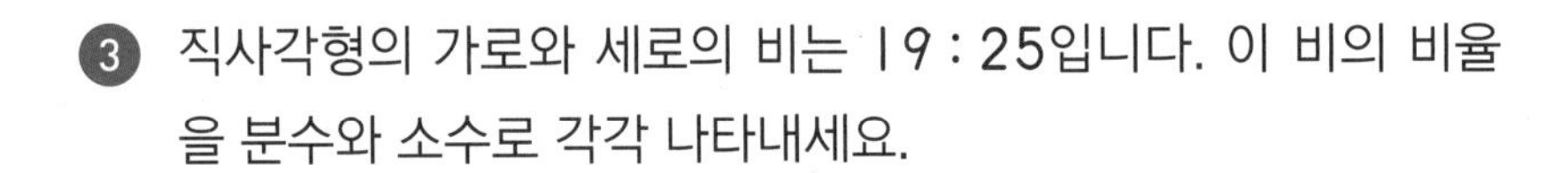

❸ 직사각형의 가로와 세로의 비는 19 : 25입니다. 이 비의 비율을 분수와 소수로 각각 나타내세요.

분수 ________________, 소수 ________________

❹ 버스 안에 남자가 20명, 여자가 14명 타고 있습니다. 남자 수에 대한 여자 수의 비율을 기약분수와 소수로 각각 나타내세요.

남자 수에 대한 여자 수의 비
➡ (여자 수) : (남자 수)

분수 ________________, 소수 ________________

비율로 기준량과 비교하는 양의 크기를 비교해

비율과 1의 크기 비교

비교하는 양이 기준량보다 작으면 비율이 1보다 작고,

비교하는 양이 기준량보다 크면 비율이 1보다 큽니다.

• 비교하는 양이 기준량보다 작은 경우

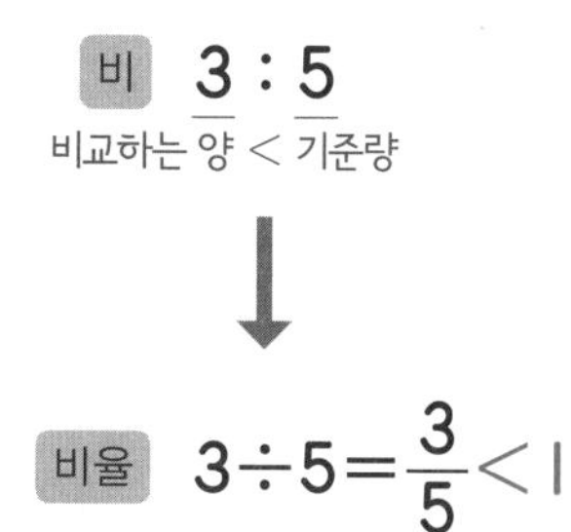

• 비교하는 양이 기준량보다 큰 경우

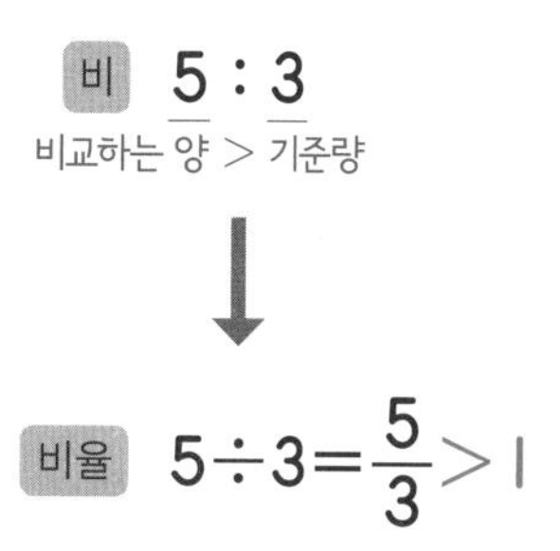

비교하는 양과 기준량의 크기 비교하기

비율이 1보다 작으면 비교하는 양이 기준량보다 작고,

비율이 1보다 크면 비교하는 양이 기준량보다 큽니다.

비율과 1로 비교하는 양과 기준량의 크기를 비교할 수 있어요.

• 비율이 1보다 작은 경우

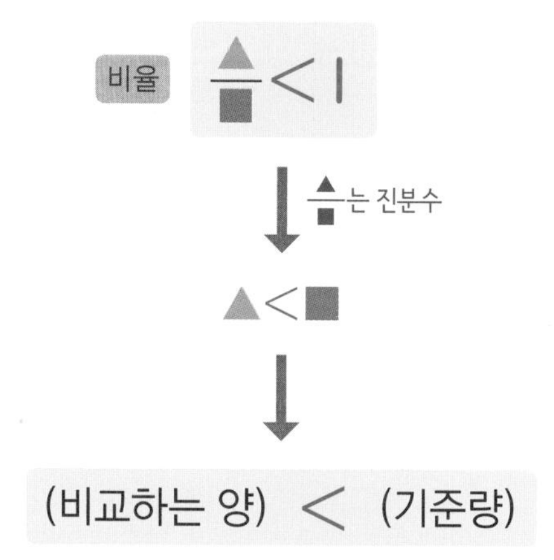

• 비율이 1보다 큰 경우

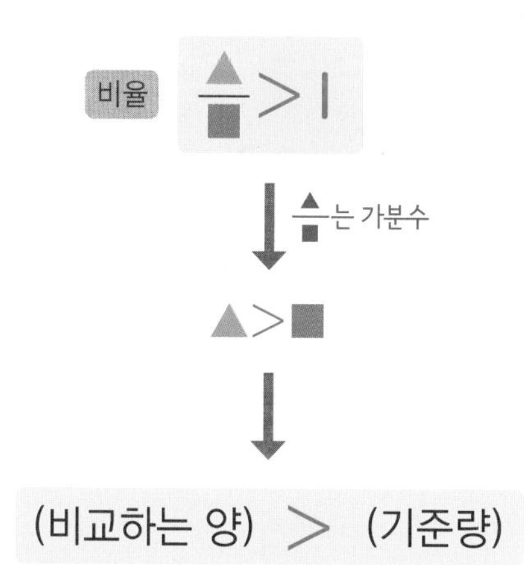

비교하는 양과 기준량의 크기를 비교하여 쓴 부등호의 방향과
비율과 1의 크기를 비교하여 쓴 부등호의 방향이 같아요.

비율과 1의 크기를 비교하여 ◯ 안에 >, <를 알맞게 써넣으세요.

❶ 2 : 3의 비율 (<) 1
2 (<) 3

❷ 5 : 4의 비율 ◯ 1
5 ◯ 4

❸ 3 : 2의 비율 ◯ 1
3 ◯ 2

❹ 8 : 7의 비율 ◯ 1
8 ◯ 7

❺ 6 : 12의 비율 ◯ 1
6 ◯ 12

❻ 11 : 13의 비율 ◯ 1
11 ◯ 13

❼ 32 : 50의 비율 ◯ 1
32 ◯ 50

❽ 39 : 27의 비율 ◯ 1
39 ◯ 27

❾ 88 : 100의 비율 ◯ 1
88 ◯ 100

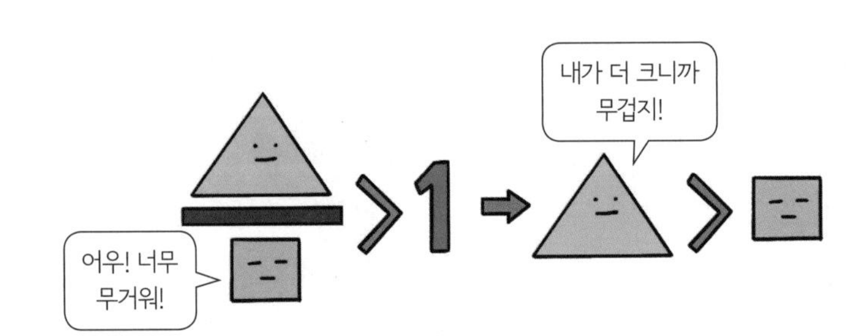

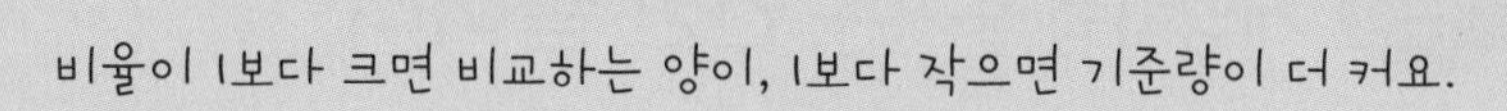

가 : 나의 비율을 보고 두 수 가와 나의 크기를 비교하세요.

❷ 1.08 ➡ 가 ◯ 나

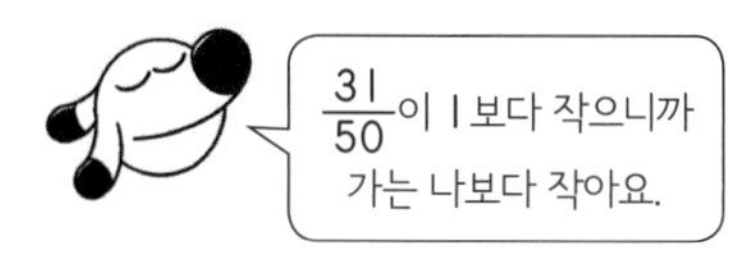

❸ $\frac{5}{2}$ ➡ 가 ◯ 나

❹ 0.002 ➡ 가 ◯ 나

❺ $\frac{9}{14}$ ➡ 가 ◯ 나

❻ 2.34 ➡ 가 ◯ 나

❼ $\frac{311}{101}$ ➡ 가 ◯ 나

❽ 0.98 ➡ 가 ◯ 나

❾ $\frac{500}{223}$ ➡ 가 ◯ 나

가 : 나의 비율을 알면
가와 나의 정확한 수를 몰라도
크기는 비교할 수 있어요.

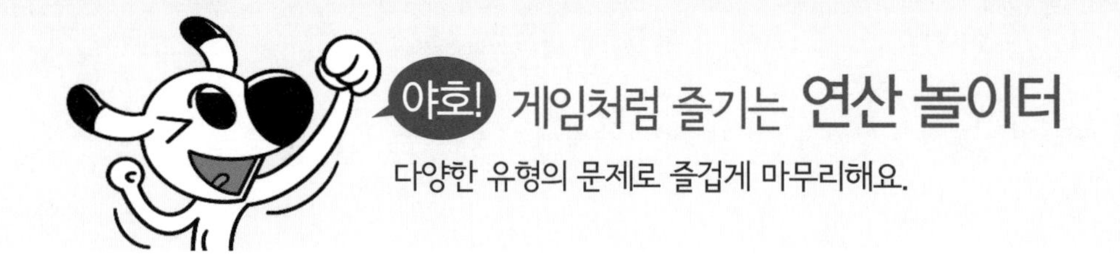

비율을 분수 또는 소수로 나타낸 길입니다. 기준량이 비교하는 양보다 큰 길을 따라가 보세요.

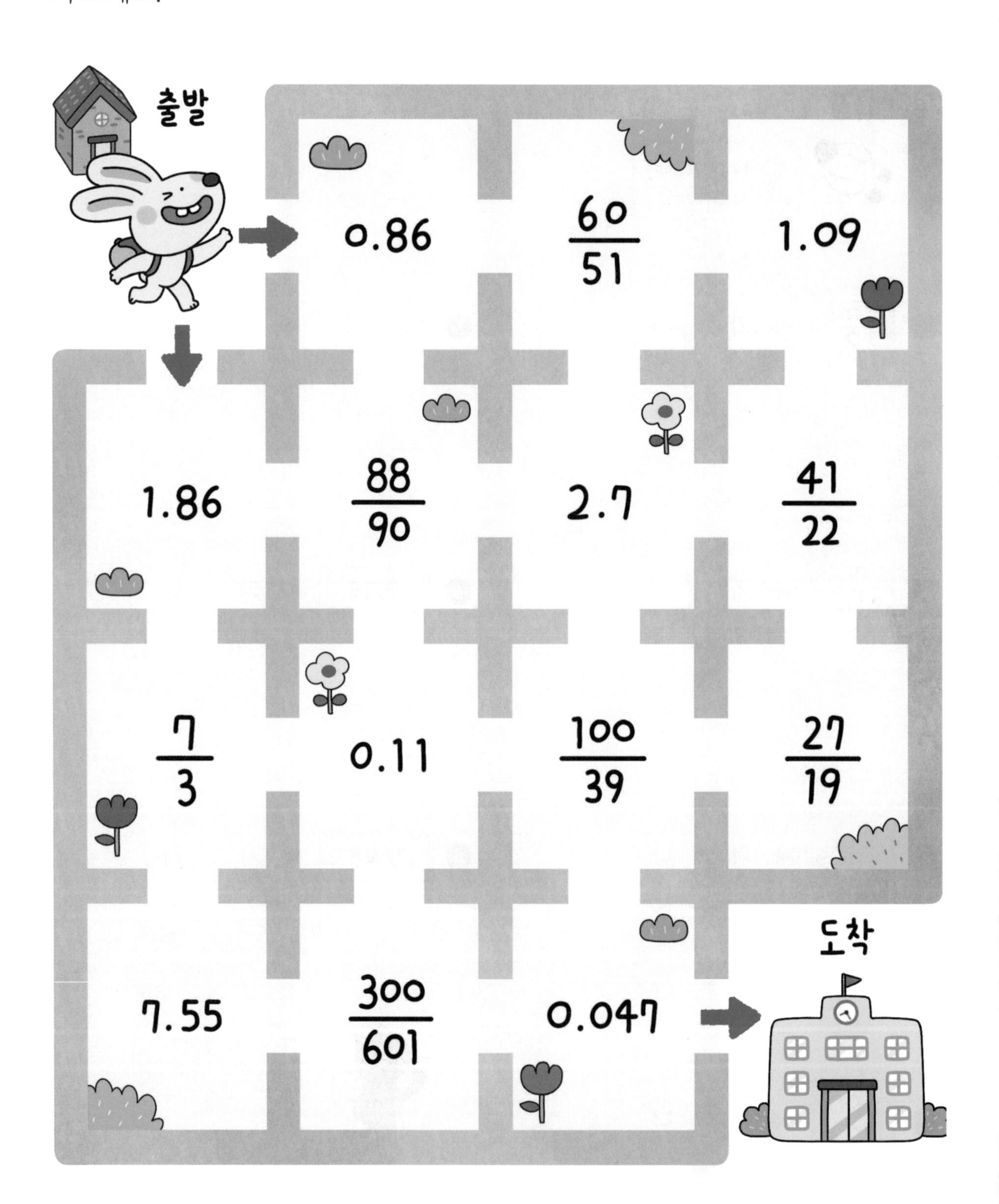

비율로 기준량이 다른 두 대상을 비교해

✪ 기준량이 다른 두 대상 비교하기

(비율)=(비교하는 양)÷(기준량)으로 비율을 알면 기준량이 다른 두 대상을 서로 비교할 수 있습니다.

전체 문제 수에 대한 맞힌 문제 수의 비율

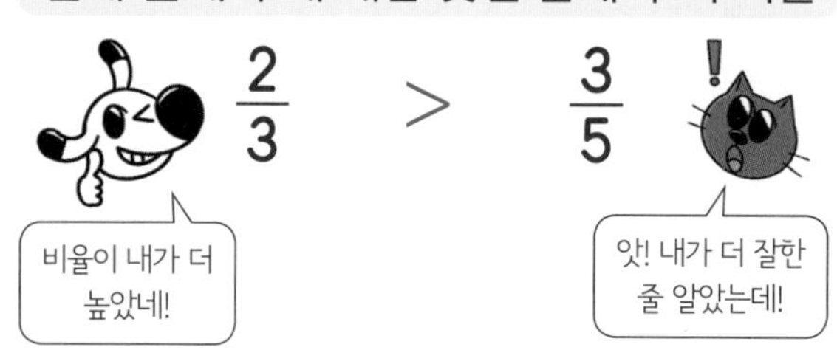

✪ 비율의 크기 비교하기

비율을 분수 또는 소수로 나타내어 크기를 비교합니다.

방법 1 분수를 통분하여 비교

비 1 : 2　　2 : 3

비율 $\frac{1}{2}=\frac{3}{6}<\frac{2}{3}=\frac{4}{6}$

방법 2 소수를 높은 자리부터 비교

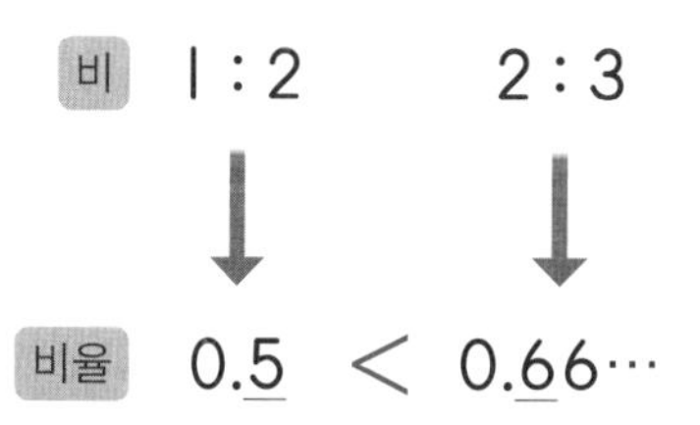

• 크기가 달라도 비율은 같을 수 있다.

분수는 통분했을 때 분자가 클수록 큰 수예요.
(통분: 분모를 같게 만드는 것)

비율을 기약분수로 나타내고, 크기를 비교하여 ◯ 안에 >, =, <를 알맞게 써넣으세요.

❶

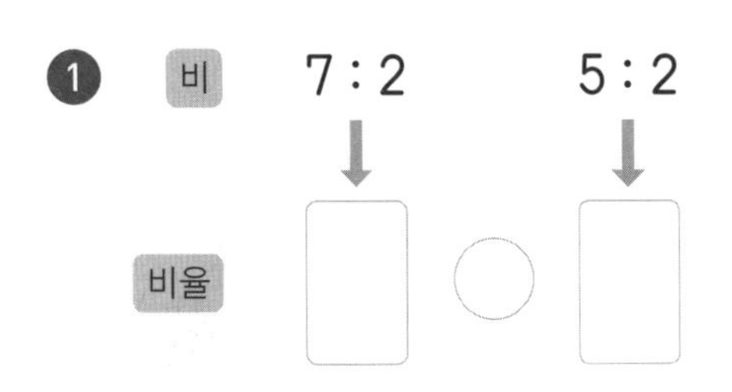

❷

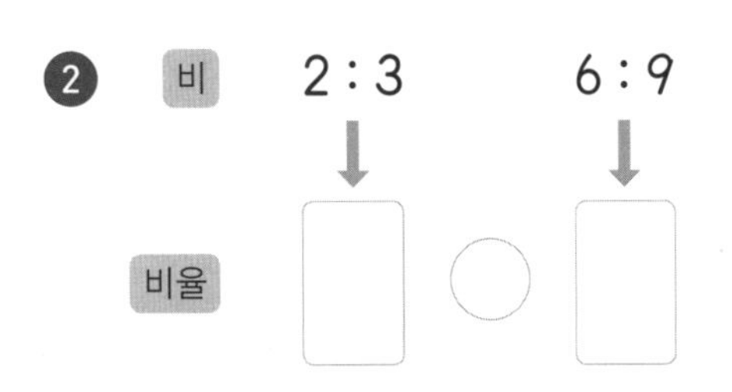

❸

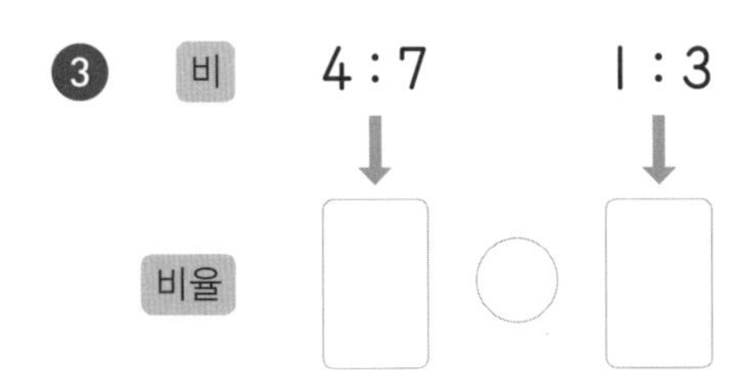

❹

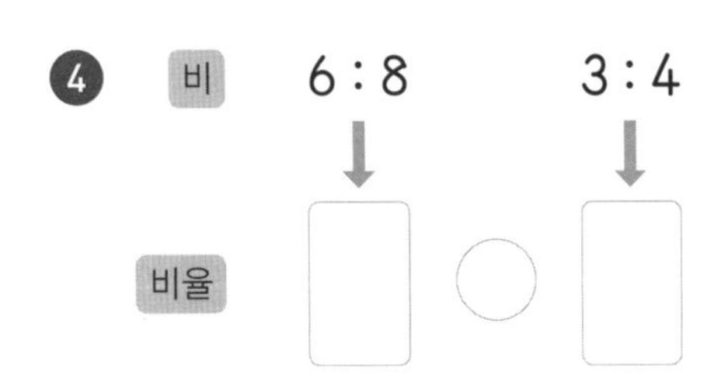

❺

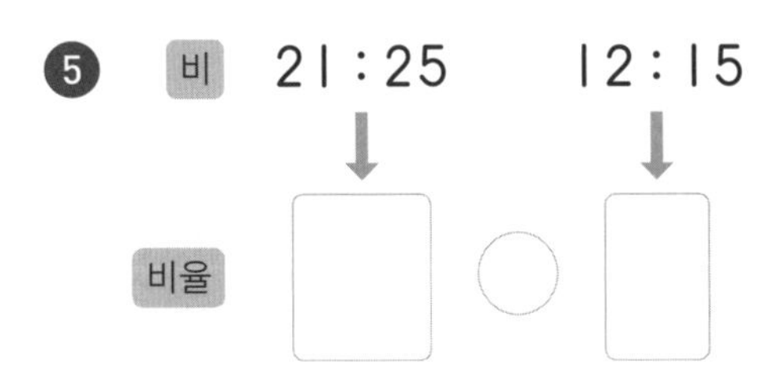

❻

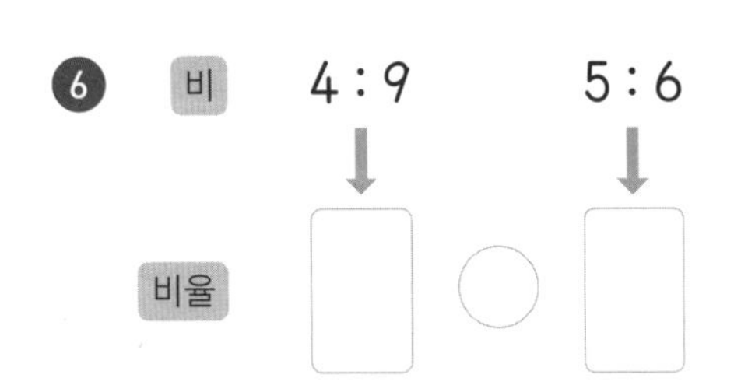

❼

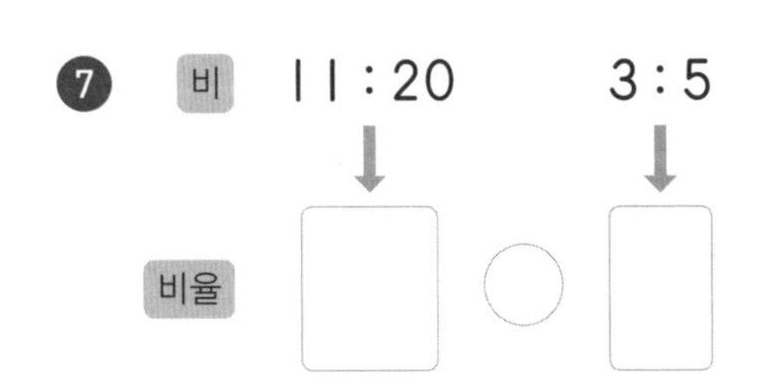

$2.35 > 2.31$ (5>1)

소수는 높은 자리 숫자가 클수록 큰 수예요.
비교하는 자리에 숫자가 없을 경우 0을 넣어 크기를 비교해요.

비율을 소수로 나타내고, 크기를 비교하여 ○ 안에 >, =, <를 알맞게 써넣으세요.
(단, 나누어떨어지지 않을 경우 소수 둘째 자리까지 구하세요.)

❶
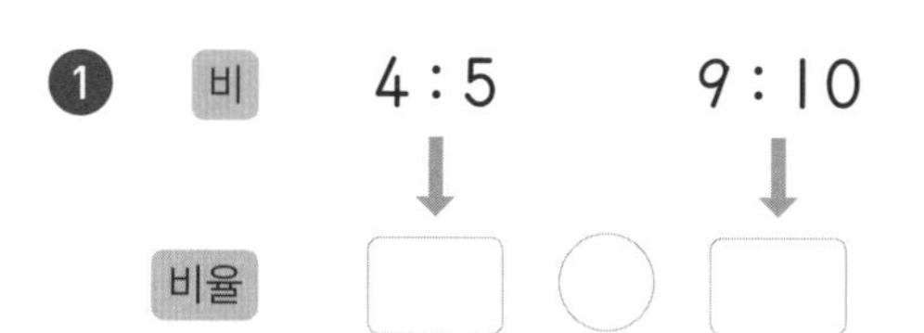

❷
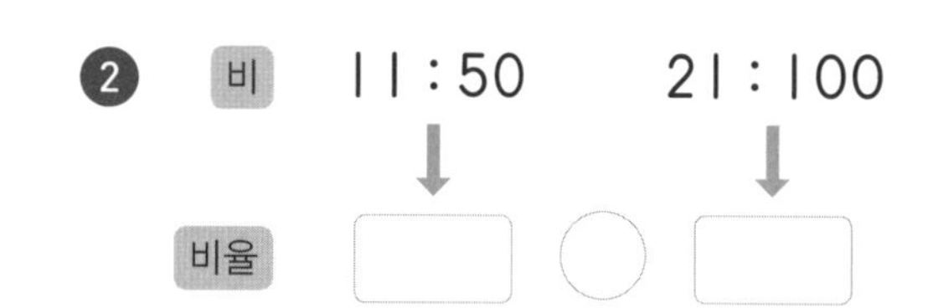

❸ ❹
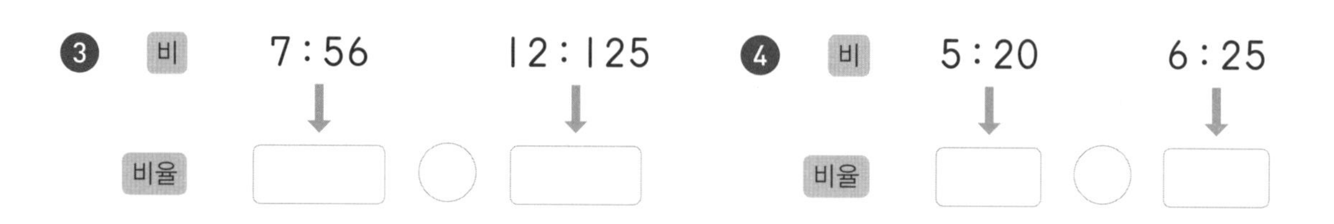

❺ ❻
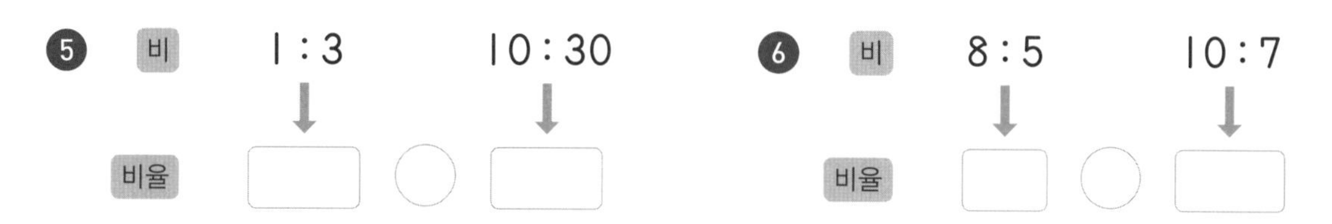

❼

직사각형의 크기는 달라도 비율은 같을 수 있어요.
가로에 대한 세로의 비율을 기약분수로 나타내어 보세요.

가로에 대한 세로의 비율이 왼쪽 직사각형과 같은 것을 찾아 ○표 하세요.

❶

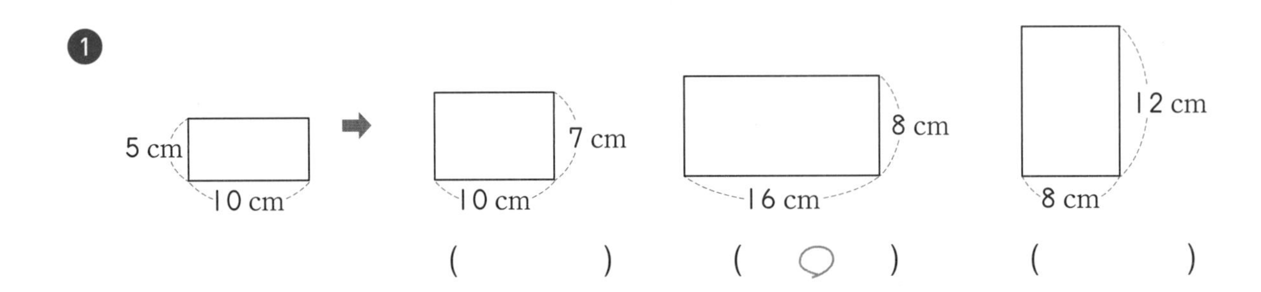

❷

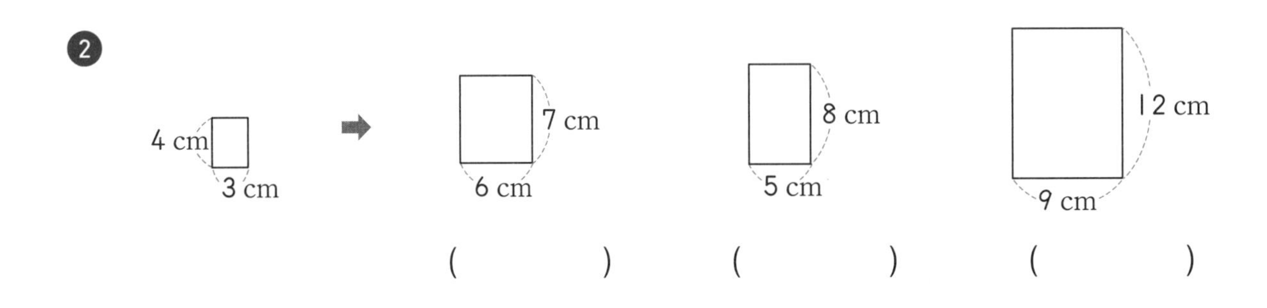

❸

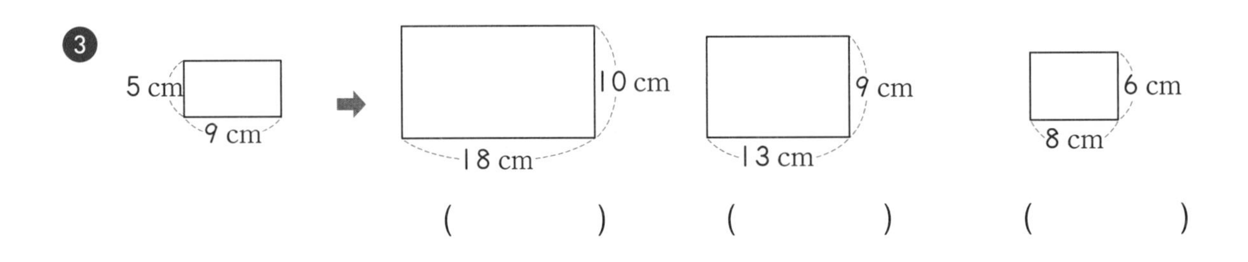

❹

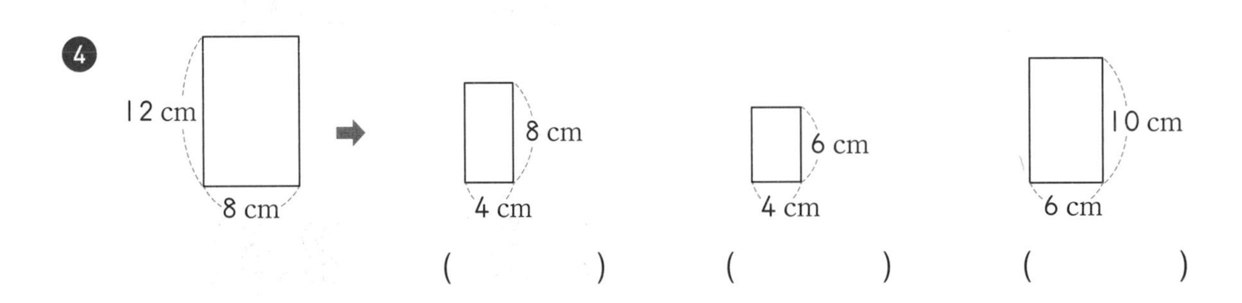

도전! 땅 짚고 헤엄치는 문장제

쉬운 문장제로 연산의 기본 개념을 익혀 봐요!

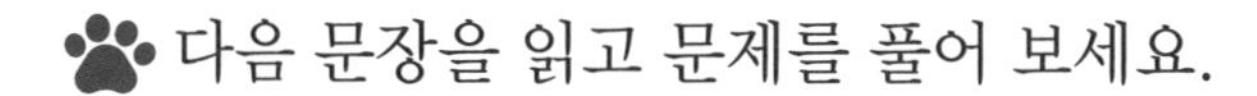

❶ 전체 피자 조각 수에 대한 먹은 피자 조각 수의 비율이 더 높은 사람은 누구일까요?

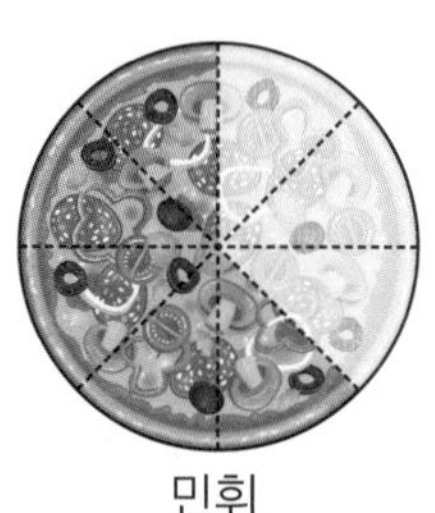

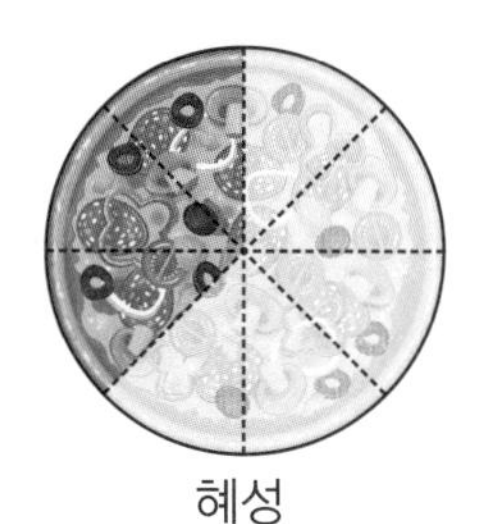

혜성

____

전체 피자 조각 수가 같으니까 기준량이 같아요.

❷ 비율이 $\frac{1}{2}$보다 큰 비를 모두 찾아 ○표 하세요.

20 : 25　　8 : 24　　5 : 9

$$(\text{비율}) = \frac{(\text{비교하는 양})}{(\text{기준량})}$$

❸ 전체에 대한 색칠한 부분의 비를 나타낸 것입니다. 비율이 더 높은 것의 비를 쓰세요.

8 : 12

9 : 18

____

전체 칸 수가 다르니까 기준량이 달라요.

❹ 퀴즈를 풀어 정호는 10문제 중 7문제를, 수아는 8문제 중 6문제를 맞혔습니다. 전체 문제 수에 대한 맞힌 문제 수의 비율이 더 높은 사람은 누구일까요?

____

더 많은 문제를 맞힌 학생을 구하는 게 아니에요!

활용 문제

06 비율이 높을수록 인구가 밀집한 곳이야

인구 밀도

(인구 밀도)=$\frac{(인구)}{(넓이)}$

어떤 지역의 넓이(기준량)에 대한 인구(비교하는 양)의 비율로 단위 넓이(1 km^2, 1 m^2 등)에 살고 있는 인구가 평균 몇 명인지를 나타냅니다.

인구 밀도는 기준량인 넓이를 1 km^2 등으로 같게 만들어 줘요.

인구 밀도 비교하기

인구와 넓이가 각각 다른 두 지역 중 어느 곳이 인구가 더 밀집한 곳인지 넓이에 대한 인구의 비율(→인구 밀도)을 비교하여 알아봅니다.

가 마을

나 마을

10명

가 마을	나 마을
인구: 80명 넓이: 4 km^2	인구: 180명 넓이: 6 km^2

가 마을

나 마을

1 km^2에 20명이 살아요.

10명

$\frac{80}{4}=20$ < $\frac{180}{6}=30$

➡ 20<30이므로 인구가 더 밀집한 곳은 나 마을입니다.

단위 넓이에 살고 있는 평균 인구는 (인구)÷(넓이)의 몫으로 넓이에 대한 인구의 비율과 같아요.

□ 안에 알맞은 수를 써넣으세요.

1 넓이가 6 km^2인 마을에 900명이 살고 있습니다.

(1 km^2에 살고 있는 평균 인구)= 900 (인구) ÷ 6 (넓이) = □(명)

(넓이에 대한 인구의 비율)= $\frac{900}{6}$ = □

(넓이: 기준량, 인구: 비교하는 양)

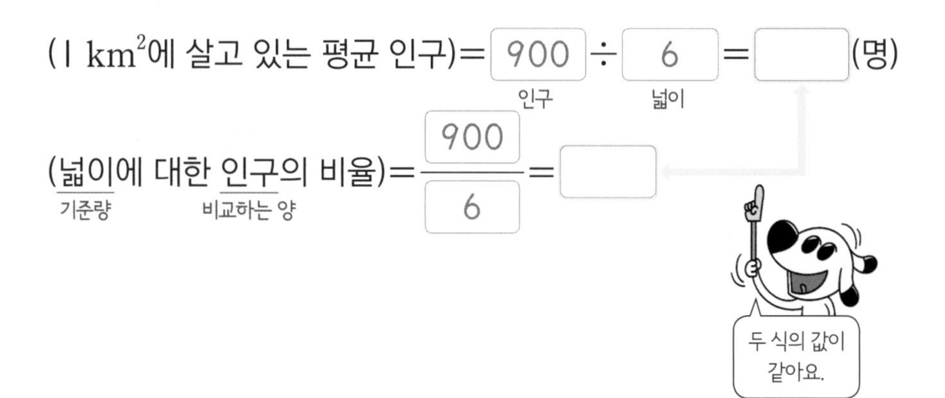

2 넓이가 4 km^2인 마을에 840명이 살고 있습니다.

(1 km^2에 살고 있는 평균 인구)= □ ÷ □ = □(명)

(넓이에 대한 인구의 비율)= $\frac{□}{□}$ = □

3 넓이가 11 km^2인 마을에 1210명이 살고 있습니다.

(1 km^2에 살고 있는 평균 인구)= □ ÷ □ = □(명)

(넓이에 대한 인구의 비율)= $\frac{□}{□}$ = □

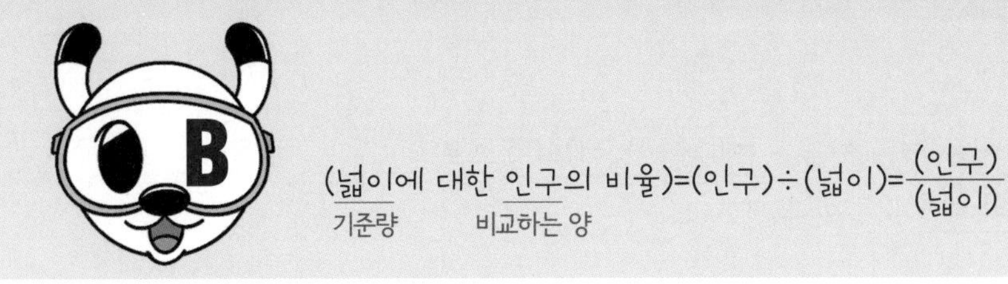

넓이에 대한 인구의 비율을 구하세요.

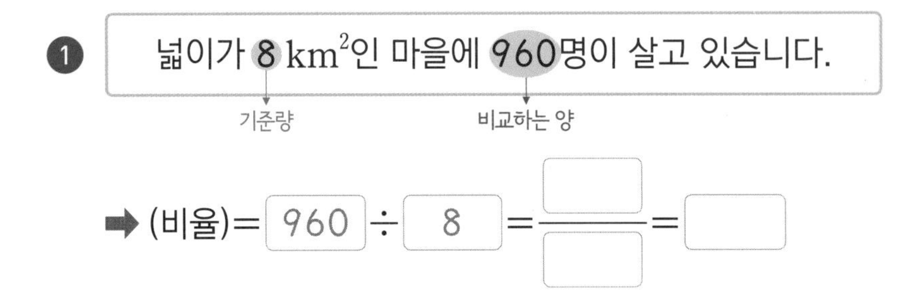

3차시에서 비율을
나눗셈의 몫으로
구했던 것!
기억하죠?

❷ 인구가 1100명인 지역의 넓이는 11 km²입니다.

➡ (비율)= ▭ ÷ ▭ = ▭/▭ = ▭

❸ 넓이가 9 km²인 마을에 1143명이 살고 있습니다.

➡ (비율)= ▭/▭ = ▭

비율을 $\frac{(비교하는\ 양)}{(기준량)}$으로
바로 나타내요.

❹ 인구가 4410명인 지역의 넓이는 21 km²입니다.

➡ (비율)= ▭/▭ = ▭

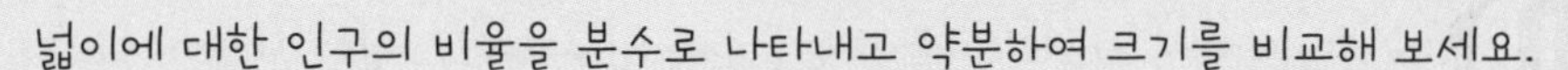

넓이에 대한 인구의 비율을 구하고, 크기를 비교하여 ◯ 안에 >, <를 알맞게 써넣으세요.

❶

인구: 650명 넓이: 5 km^2	◯	인구: 1080명 넓이: 9 km^2

$\frac{650}{5}=\square$ $\frac{1080}{9}=\square$

땅이 더 좁아도 비율은 더 클 수도 있어요.

❷

1300명 10 km^2	◯	1250명 10 km^2
□		□

넓이가 같으면 인구가 많을수록 비율이 더 높아요.

❸

2240명 16 km^2	◯	2320명 16 km^2
□		□

❹

3000명 15 km^2	◯	4600명 20 km^2
□		□

❺

4180명 22 km^2	◯	5735명 31 km^2
□		□

넓이에 대한 인구의 비율이 높을수록 인구가 더 밀집한 지역이에요.

두 지역 가와 나의 넓이에 대한 인구의 비율을 구하고, 인구가 더 밀집한 곳의 기호를 쓰세요.

❶

지역	가	나
인구(명)	2080	1440
넓이(km^2)	16	12
인구 밀도		

(　　　　　)

❷

지역	가	나
인구(명)	3520	3100
넓이(km^2)	22	20
인구 밀도		

(　　　　　)

❸

지역	가	나
인구(명)	7200	9000
넓이(km^2)	40	45
인구 밀도		

(　　　　　)

❹

지역	가	나
인구(명)	6720	8200
넓이(km^2)	32	40
인구 밀도		

(　　　　　)

❺

지역	가	나
인구(명)	8150	6600
넓이(km^2)	50	40
인구 밀도		

(　　　　　)

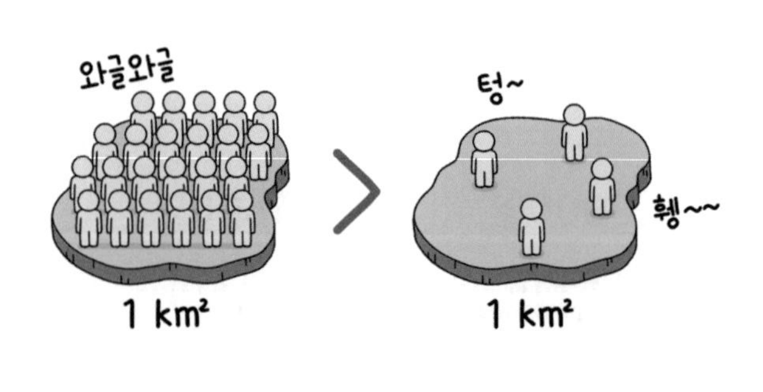

활용 문제

07 비율이 높을수록 빠르기는 더 빨라

✪ 빠르기

$$(\text{빠르기})=\frac{(\text{간 거리})}{(\text{걸린 시간})}$$

걸린 시간(기준량)에 대한 간 거리(비교하는 양)의 비율로 단위 시간(1시간, 1분, 1초) 동안 얼마만큼의 거리를 갔는지를 나타냅니다.

빠르기는 기준량인 걸린 시간을 1시간 등으로 같게 만들어 줘요.

✪ 빠르기 비교하기

간 거리와 걸린 시간이 각각 다른 두 버스 중 어느 버스가 더 빠른지 걸린 시간에 대한 간 거리의 비율(→빠르기)을 비교하여 알아봅니다.

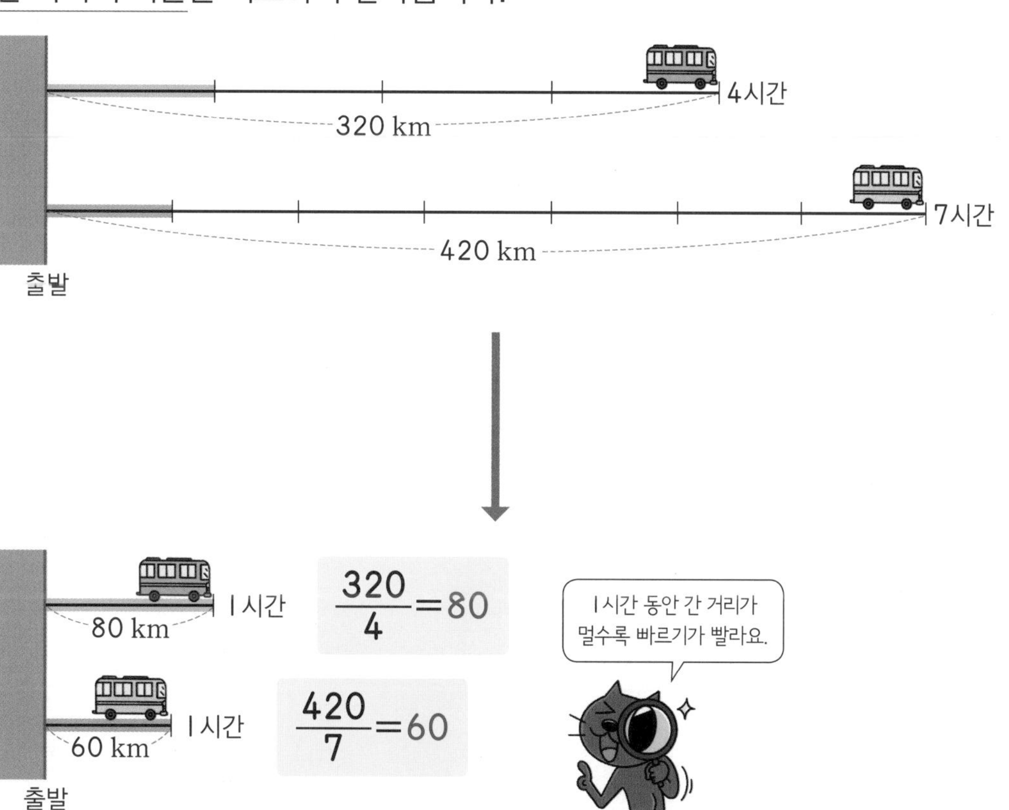

$\frac{320}{4}=80$

$\frac{420}{7}=60$

1시간 동안 간 거리가 멀수록 빠르기가 빨라요.

➡ 80>60이므로 초록 색 버스가 더 빠릅니다.

단위 시간 동안 간 거리는 (간 거리)÷(걸린 시간)의 몫으로 걸린 시간에 대한 간 거리의 비율과 같아요.

□ 안에 알맞은 수를 써넣으세요.

❶ 3시간 동안 간 거리는 120 km입니다.

(1시간 동안 간 거리)= 120 ÷ 3 = □ (km)

간 거리 / 걸린 시간

(걸린 시간에 대한 간 거리의 비율)= $\frac{120}{3}$ = □

기준량 / 비교하는 양

❷ 5시간 동안 간 거리는 275 km입니다.

(1시간 동안 간 거리)= □ ÷ □ = □ (km)

(걸린 시간에 대한 간 거리의 비율)= $\frac{\square}{\square}$ = □

❸ 12시간 동안 간 거리는 1020 km입니다.

(1시간 동안 간 거리)= □ ÷ □ = □ (km)

(걸린 시간에 대한 간 거리의 비율)= $\frac{\square}{\square}$ = □

빠르기에는 단위가 숨겨져 있어요.
걸린 시간과 간 거리의 단위에 따라 빠르기의 단위도 달라져요.

$(빠르기)=\frac{(간\ 거리)}{(걸린\ 시간)}$

빠르기를 구하세요.

└→ 걸린 시간에 대한 간 거리의 비율

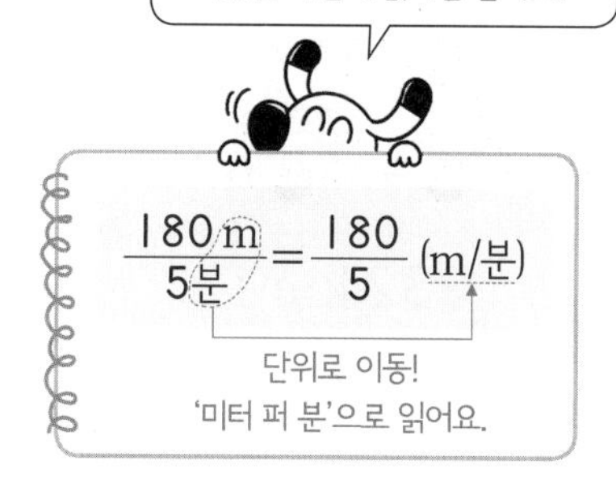

❶ 180 m을 가는 데 5분이 걸렸습니다.

비교하는 양 / 기준량

➡ $(빠르기)=\frac{180}{5}=\square$ (m/분)

❷ 3분 동안 6 km를 갔습니다.

➡ $(빠르기)=\frac{\square}{\square}=\square$ (km/분)

❸ 420 km을 가는 데 6시간이 걸렸습니다.

➡ $(빠르기)=\frac{\square}{\square}=\square$ (km/시)

❹ 30초 동안 210 m를 갔습니다.

➡ $(빠르기)=\frac{\square}{\square}=\square$ (m/초)

걸린 시간에 대한 간 거리의 비율로 빠르기를 구해요.
시간 또는 거리의 단위가 다를 경우 먼저 단위를 맞춰요.

빠르기를 비교하여 ◯ 안에 >, <를 알맞게 써넣으세요.

1 
232 km
4시간

◯

130 km
2시간

2 
800 m
5초

◯

750 m
3초

3 
27 km
9분

◯

38 km
19분

4 
119 m
17초

◯

126 m
21초

앗! 실수

5 
99 km
9시간

◯

80 km
120분

→ 120분이 몇 시간인지 알아보세요.

6 
195 m
15초

◯

91 m
13초

기차가 터널을 완전히 통과할 때 달린 거리는
터널의 길이와 기차의 길이의 합으로 구해요.

기차가 터널을 완전히 통과할 때 걸린 시간과 거리입니다. 기차의 빠르기를 구하세요.

❶

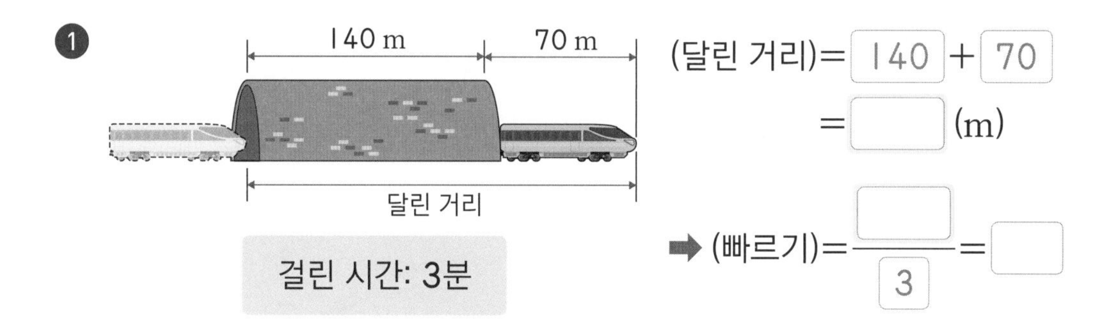

(달린 거리)= 140 + 70
= ☐ (m)

➡ (빠르기)= $\frac{☐}{3}$ = ☐

❷

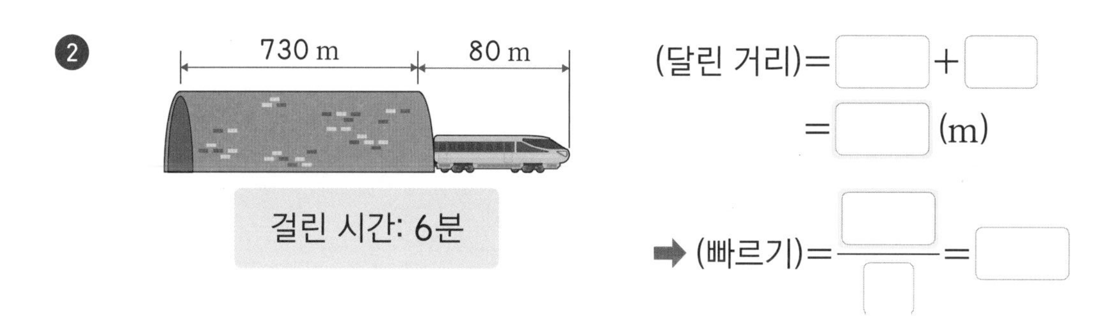

(달린 거리)= ☐ + ☐
= ☐ (m)

➡ (빠르기)= $\frac{☐}{☐}$ = ☐

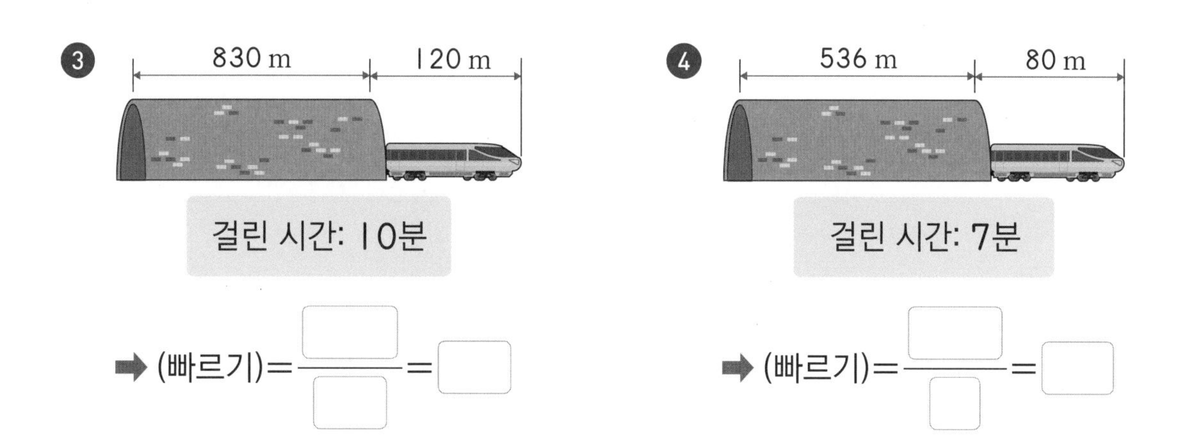

❸ ➡ (빠르기)= $\frac{☐}{☐}$ = ☐

❹ ➡ (빠르기)= $\frac{☐}{☐}$ = ☐

빠르기(속력), 거리, 시간 사이는 곱셈과 나눗셈의 관계가 성립해요.

(속력)=(거리)÷(시간) → (거리)=(속력)×(시간)

(속력)=(거리)÷(시간) → (시간)=(거리)÷(속력)

🐾 빠르기(속력), 거리, 시간 사이의 관계를 나타낸 것입니다. 표를 완성하세요.

$$(거리)=(속력)\times(시간) \qquad (시간)=\frac{(거리)}{(속력)} \qquad (속력)=\frac{(거리)}{(시간)}$$

(거리)÷(속력) (거리)÷(시간)

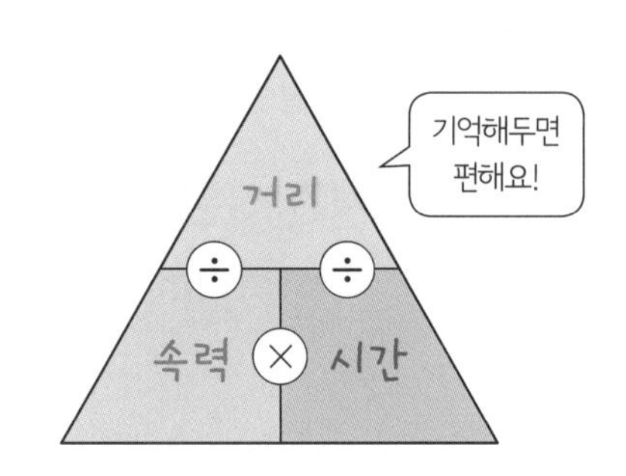

❶

거리(km)	215
시간(시간)	5
속력(km/시)	

❷

거리(km)	536
시간(시간)	
속력(km/시)	67

❸

거리(m)	
시간(분)	7
속력(m/분)	85

❹

거리(m)	1575
시간(초)	35
속력(m/초)	

❺

거리(m)	
시간(분)	13
속력(m/분)	200

둘째 마당

백분율

백분율은 20 %, 30 %와 같이 수에 %를 붙여 나타낸 것이에요. 우리 주변에서도 자주 볼 수 있는 비율이지요.
백분율은 분수, 소수보다는 간단한 수로 나타낼 수 있어서 3개 이상의 대상을 비교할 때 사용하면 좋아요. 백분율과 백분율만큼의 양을 공부하며 실생활 문제도 해결해 보세요.

나를 백분율로 나타내려면~.

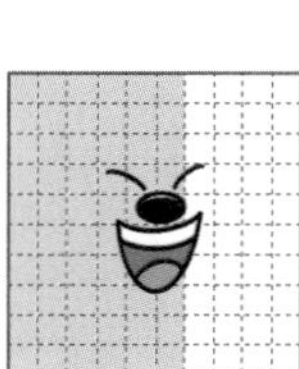

기준량인 분모를 100으로 나타내요.

공부할 내용!	완료	10일 진도	20일 진도
08 기준량이 100인 비율이 백분율이야	□	4일차	6일차
09 백분율만큼의 양은 전체와 비율의 곱이야	□		7일차
10 진하기가 높을수록 소금물은 더 짜	□	5일차	8일차
11 할인율이 높을수록 값은 더 저렴해	□		9일차

기준량이 100인 비율이 백분율이야

✪ 백분율

기준량인 분모를 100 으로 할 때의 비율로 기호 % 를 사용하여 나타냅니다.

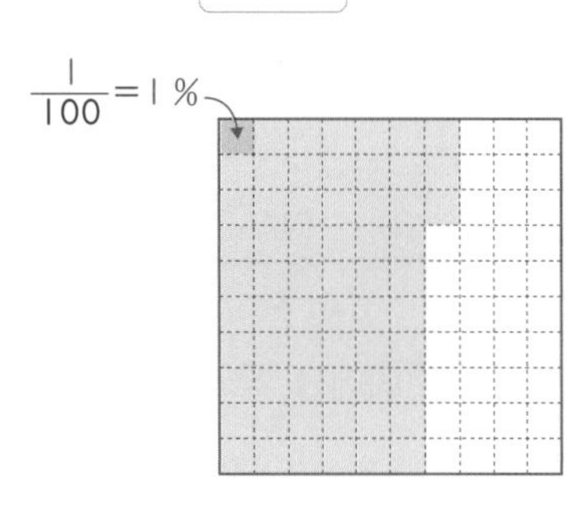

$\frac{63}{100}$=63 % (63 퍼센트)

% 는 백분율의 기호일 뿐, 63 % 의 값은 $\frac{63}{100}$ 이에요.

✪ 비율을 백분율로 나타내기

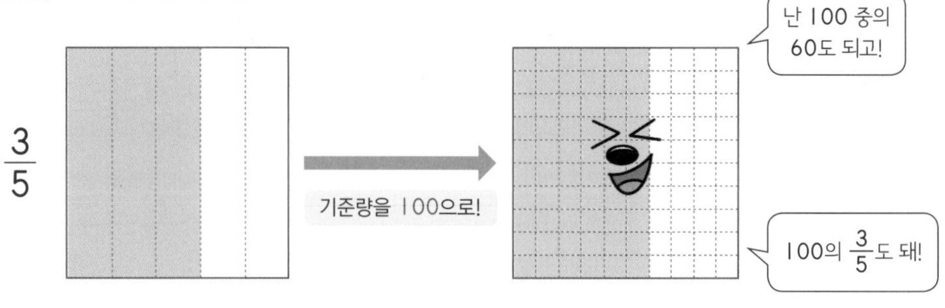

방법 1 분모가 100인 분수로 만들기

$$\frac{3}{5}=\frac{3\times20}{5\times20}=\frac{60}{100}=60\ \%$$

방법 2 비율에 100을 곱하기

$$\frac{3}{\cancel{5}_{1}}\times\cancel{100}^{20}=60\ \%$$

• 소수도 분수와 같은 방법으로 백분율로 나타내요.

방법 1 $0.6=\frac{6}{10}=\frac{60}{100}=60\ \%$ 분모가 100인 분수로!

방법 2 $0.6\times100=60\ \%$ 2칸 이동

기준량인 분모를 100으로 만들 수 있는 곱셈식을 알아두면 좋아요.

➡ $2\times50=4\times25=5\times20=10\times10=100$

분모가 100인 분수로 만들어 비율을 백분율로 나타내세요.

❶ $\frac{2}{5}$ ➡ $\frac{40}{100}$ = 40 %

❷ 0.01 ➡ $\frac{1}{100}$ = 1 %

❸ $\frac{3}{4}$ ➡ $\frac{\square}{100}$ = □ %

❹ 0.1 ➡ $\frac{\square}{100}$ = □ %

백분율은 기호 %를
꼭 붙여야 해요.

❺ $\frac{11}{25}$ ➡ $\frac{\square}{100}$ = □

❻ 0.23 ➡ $\frac{\square}{100}$ = □

앗! 실수

❼ $1\frac{1}{2}$ ➡ $\frac{150}{100}$ = □

가분수를 쓰세요.

앗! 실수

❽ 1 ➡ $\frac{\square}{100}$ = □

1은 분모와 분자가 같아요.

❾ $1\frac{1}{10}$ ➡ $\frac{\square}{100}$ = □

분모를 100으로
만든다는 건!

전체를 100칸으로
만든다는 거예요.

$\frac{3}{5}$ → $\frac{60}{100}$

(분수)×100은 분모와 100을 약분한 후 계산해요.
(소수)×100은 소수점을 오른쪽으로 두 칸 옮겨요.

비율에 100을 곱해 백분율로 나타내세요.

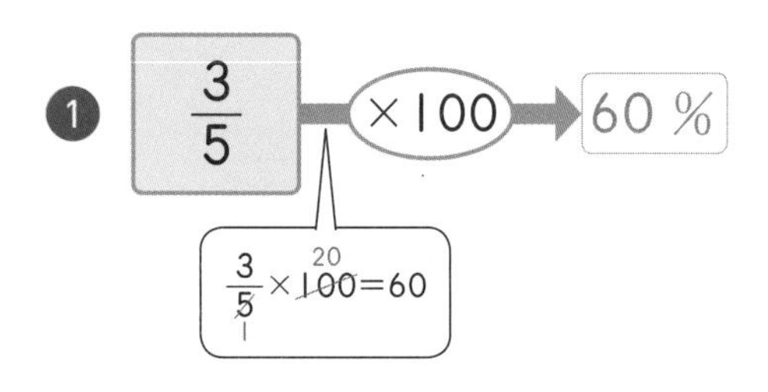

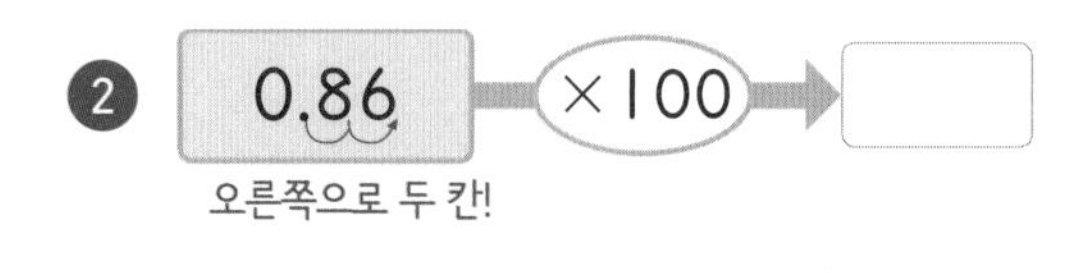

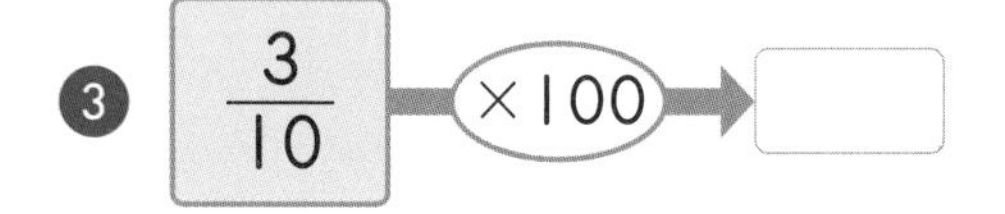

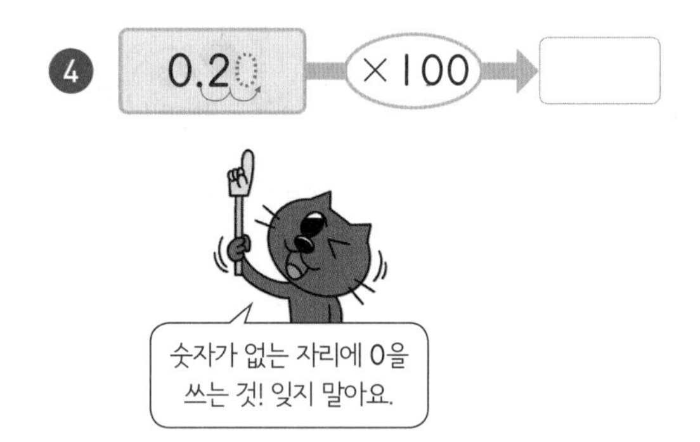

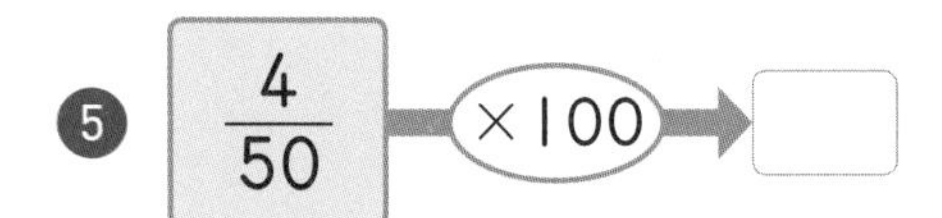

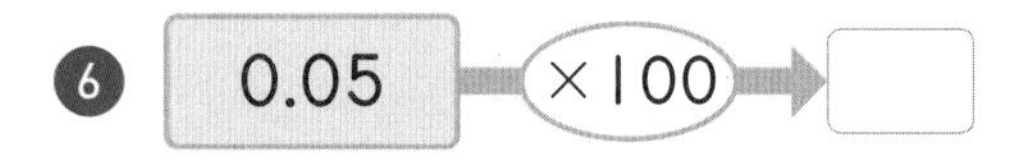

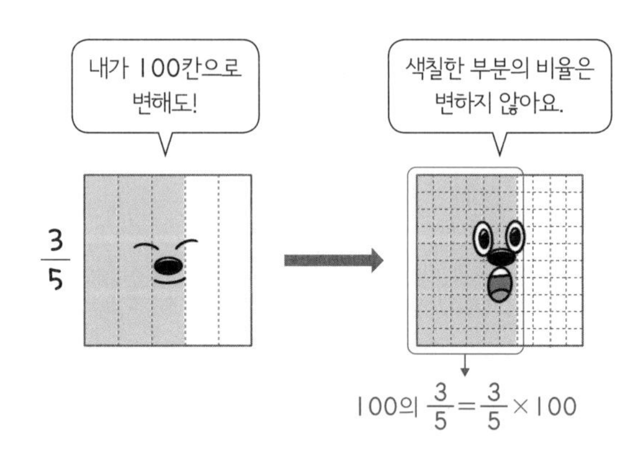

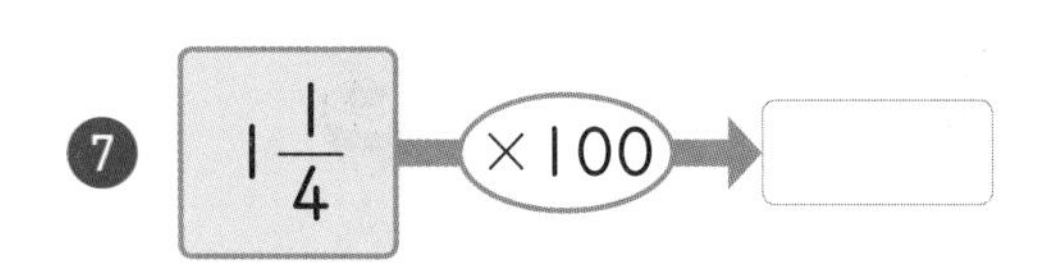

전체에 대한 색칠한 부분의 비율은 분수로 나타내는 것이 더 쉬워요.
분수로 나타낸 비율을 백분율로 나타내어 보세요.

전체에 대한 색칠한 부분의 비율을 백분율로 나타내세요.

❶ 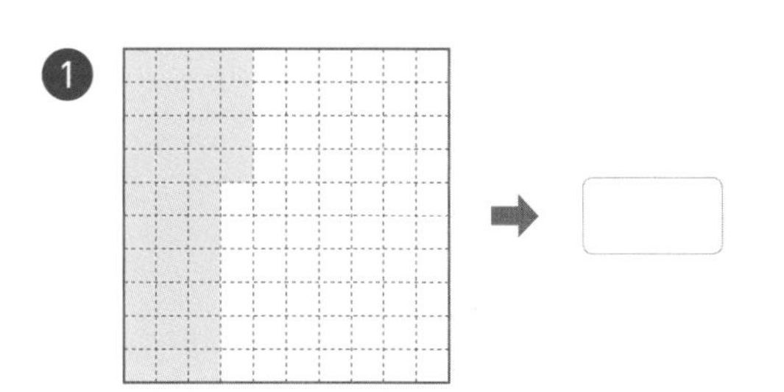

❷ 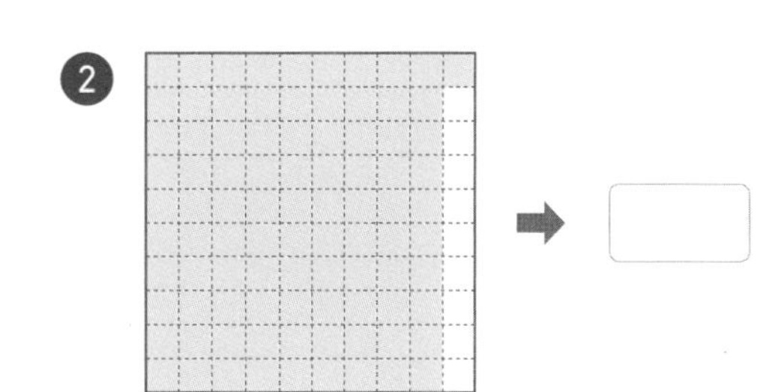

❸ 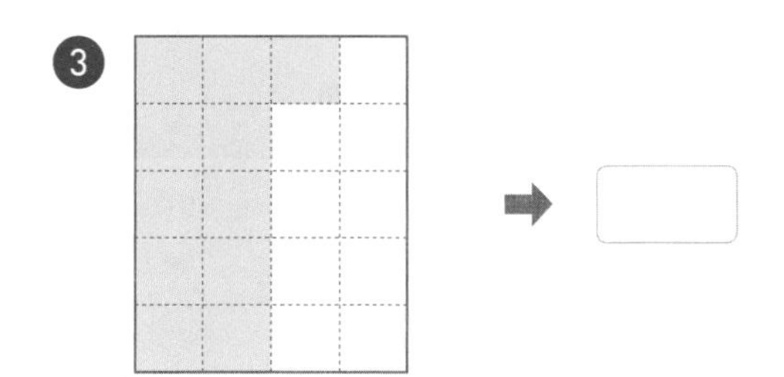

❹ 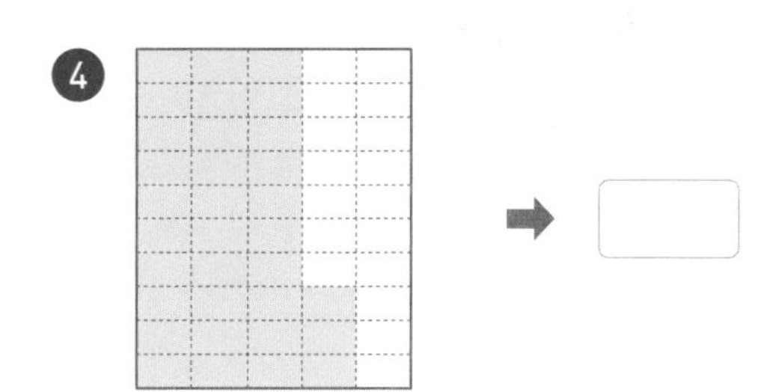

❺ 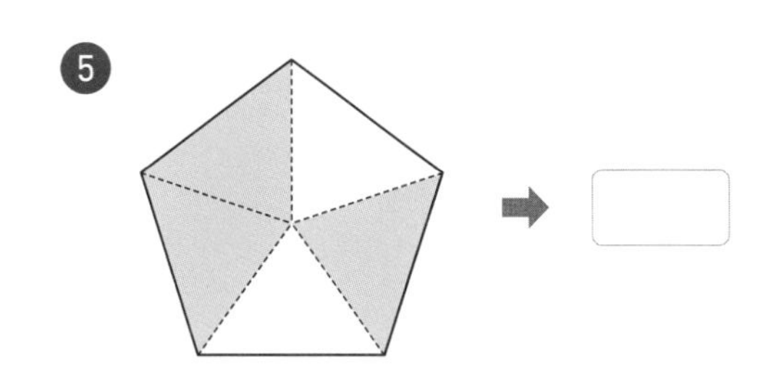

❻ 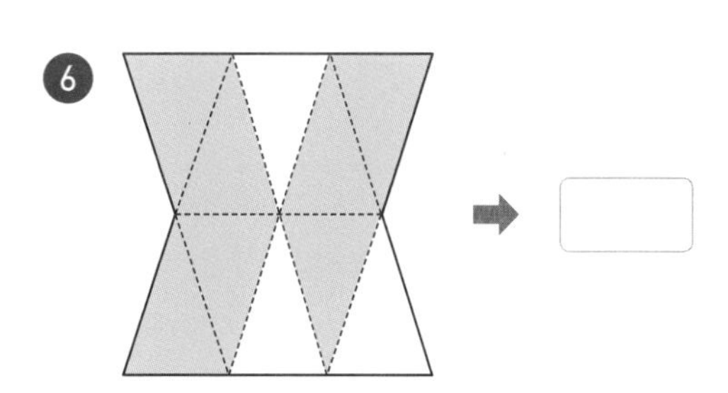

앗! 실수

❼ 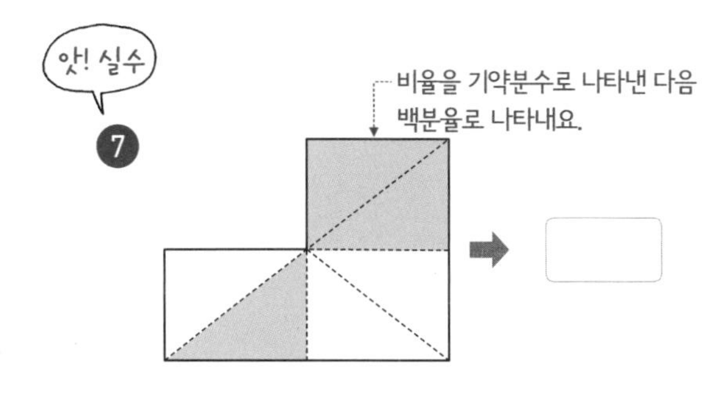

❽ 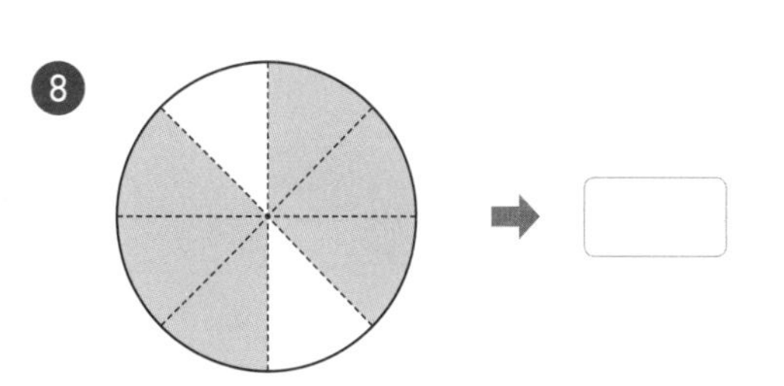

비를 읽는 4가지 방법, 잊지 않았죠?

▲ : ■ ➡ ▲ 대 ■ / ▲와 ■의 비 / ▲의 ■에 대한 비 / ■에 대한 ▲의 비

주어진 비의 비율을 백분율로 나타내세요.

❶ 20 대 100

( )

❷ 58과 100의 비

( )

❸ 12의 50에 대한 비

( )

❹ 25에 대한 1의 비

( )

❺ 7과 10의 비

( )

❻ 17 대 20

( )

❼ 14에 대한 7의 비

( )

❽ 4의 16에 대한 비

( )

도전! 땅 짚고 헤엄치는 문장제

쉬운 문장제로 연산의 기본 개념을 익혀 봐요!

다음 문장을 읽고 문제를 풀어 보세요.

1 백분율이 가장 큰 것을 찾아 기호를 쓰세요.

㉠ $\frac{9}{20}$	㉡ 43 %	㉢ 0.42	㉣ 2 : 5

비율을 백분율로 나타내어 비교해 보세요.

2 다음 백분율 중 기준량이 비교하는 양과 같은 것을 찾아 기호를 쓰세요.

㉠ 102 %	㉡ 100 %	㉢ 23 %

(기준량)=(비교하는 양)
➡ (비율)=1

3 색종이가 빨간색이 11장, 파란색이 14장 있습니다. 전체 색종이 수에 대한 파란색 색종이 수의 비율을 백분율로 나타내세요.

4 사탕이 15개 있었는데 6개를 먹었습니다. 전체 사탕 수에 대한 남은 사탕 수의 비율을 백분율로 나타내세요.

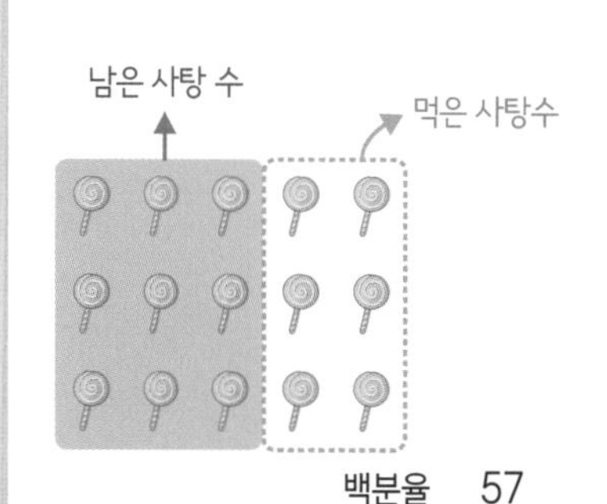

백분율만큼의 양은 전체와 비율의 곱이야

백분율을 비율로 나타내기

백분율을 분모가 100 인 분수로 나타내거나 소수점을 왼쪽으로 2 칸 이동하여 소수로 나타냅니다.

백분율만큼의 양 구하기

백분율을 분수 또는 소수인 비율로 나타낸 다음 전체와 곱합니다.

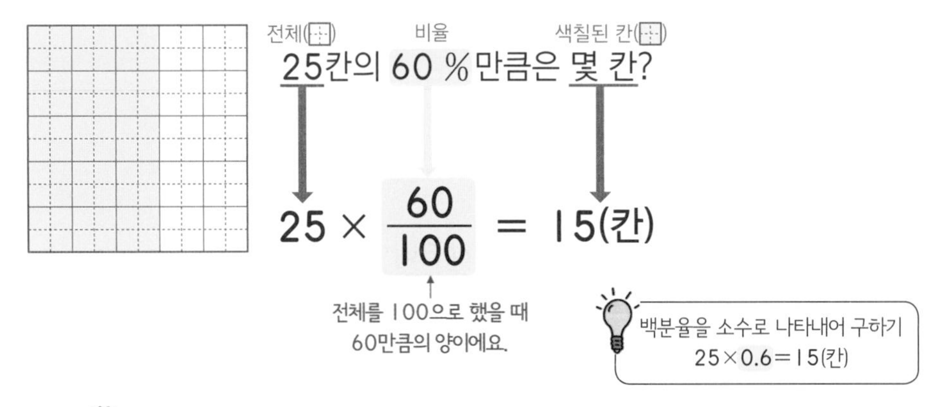

• 분수인 비율을 기약분수로 나타낸 다음 곱해도 돼요.

25칸의 60 %만큼은 몇 칸? ➡ $25\times\frac{3}{5}=15$(칸)

$\frac{60}{100}=\frac{3}{5}$

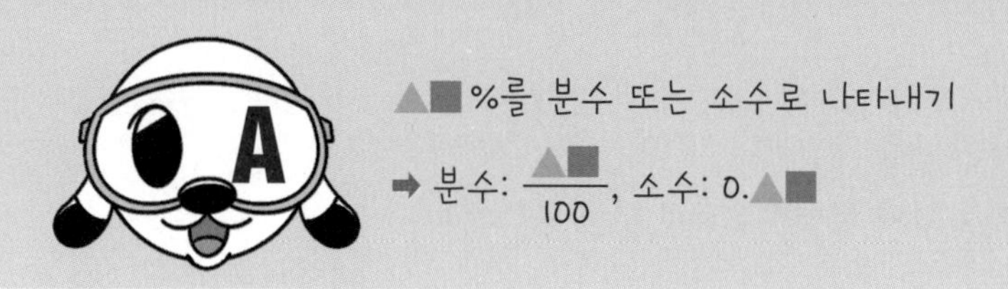

백분율을 기약분수 또는 소수로 나타내세요.

1

백분율	분수	소수
81 %	$\frac{81}{100}$	0.81

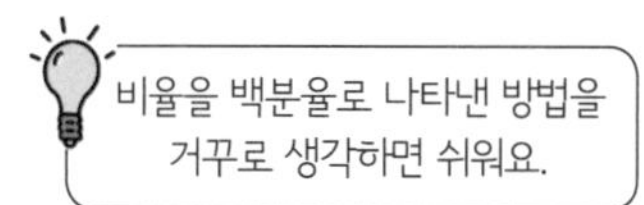

2

백분율	분수	소수
73 %		

3

백분율	분수	소수
45 %		

4

백분율	분수	소수
40 %		

5

백분율	분수	소수
70 %		

6

백분율	분수	소수
4 %		

소수점 아래 자리에 숫자가 없는 경우 0을 꼭 써줘요.

7

백분율	분수	소수
2 %		

백분율을 분수 또는 소수로 바꾼 다음
분수의 곱셈 또는 소수의 곱셈을 하여 백분율만큼의 양을 구하세요.

□ 안에 알맞은 수를 써넣으세요.

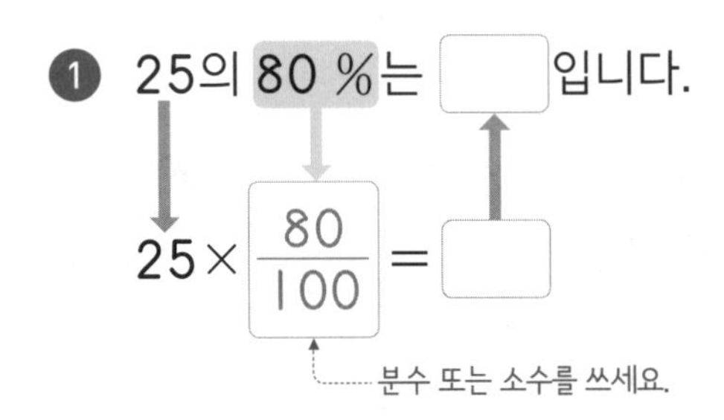

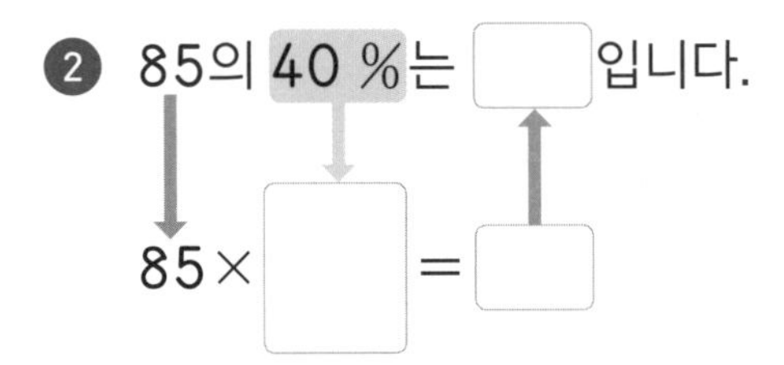

❸ 100의 38 %는 □ 입니다.

100 × □ = □

❹ 30의 10 %는 □ 입니다.

30 × □ = □

❺ 80의 5 %는 □ 입니다.

80 × □ = □

❻ 120의 45 %는 □ 입니다.

120 × □ = □

❼ 140의 35 %는 □ 입니다.

140 × □ = □

❽ 150의 56 %는 □ 입니다.

150 × □ = □

전체의 50 %, 10 %, 1 % 등을 알면
다른 백분율만큼의 양도 쉽게 구할 수 있어요.

백분율만큼의 양을 구하세요.

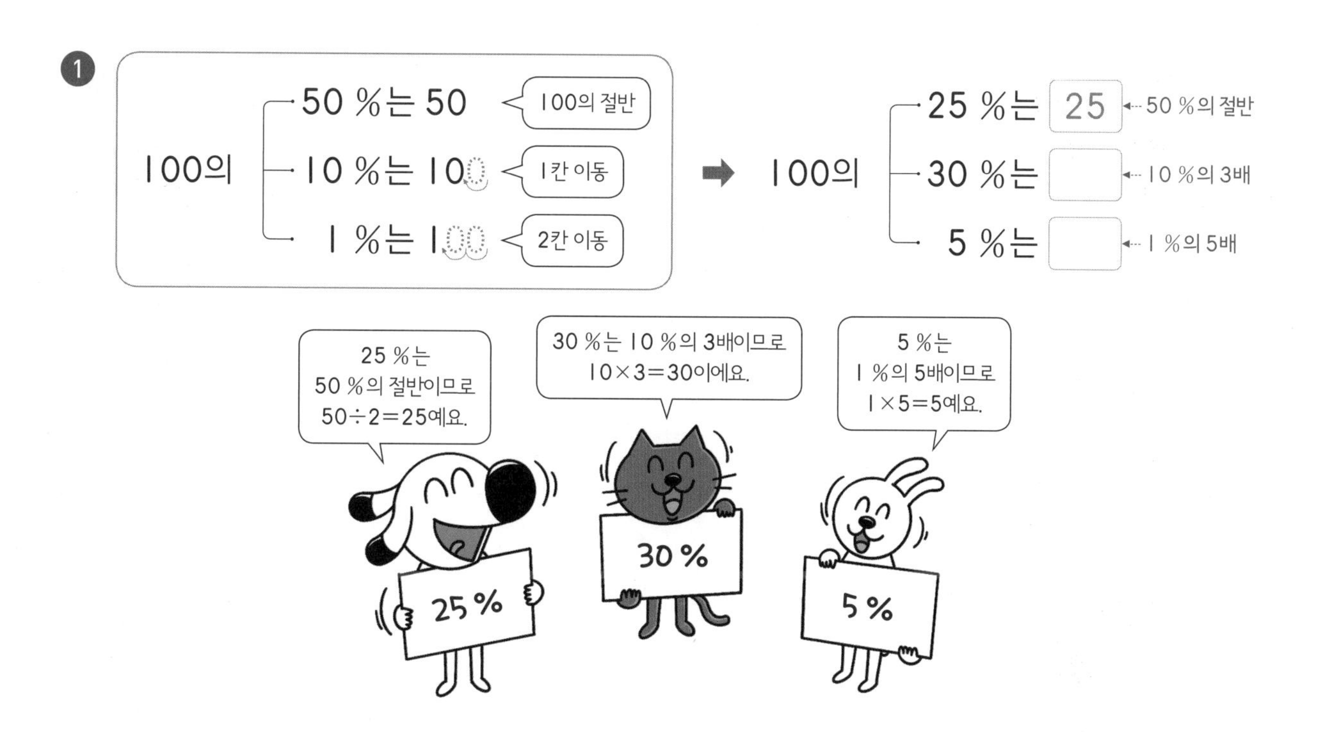

2

60의
- 50 %는 ☐
- 10 %는 ☐
- 1 %는 ☐

➡ 60의
- 25 %는 ☐
- 40 %는 ☐
- 5 %는 ☐

3

180의
- 50 %는 ☐
- 10 %는 ☐
- 1 %는 ☐

➡ 180의
- 25 %는 ☐
- 60 %는 ☐
- 5 %는 ☐

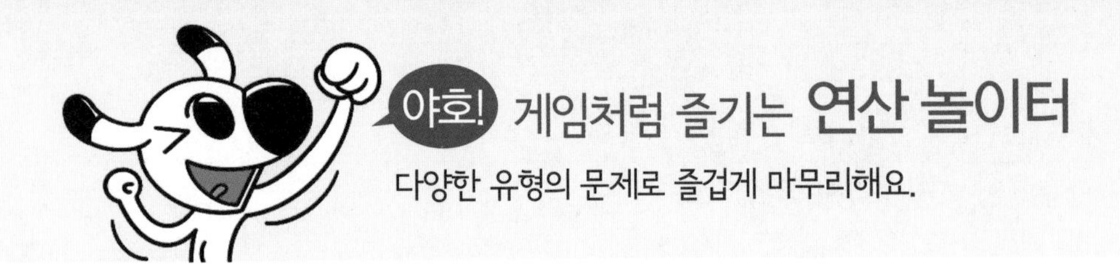

비율이 같은 것끼리 선으로 이어 보세요.

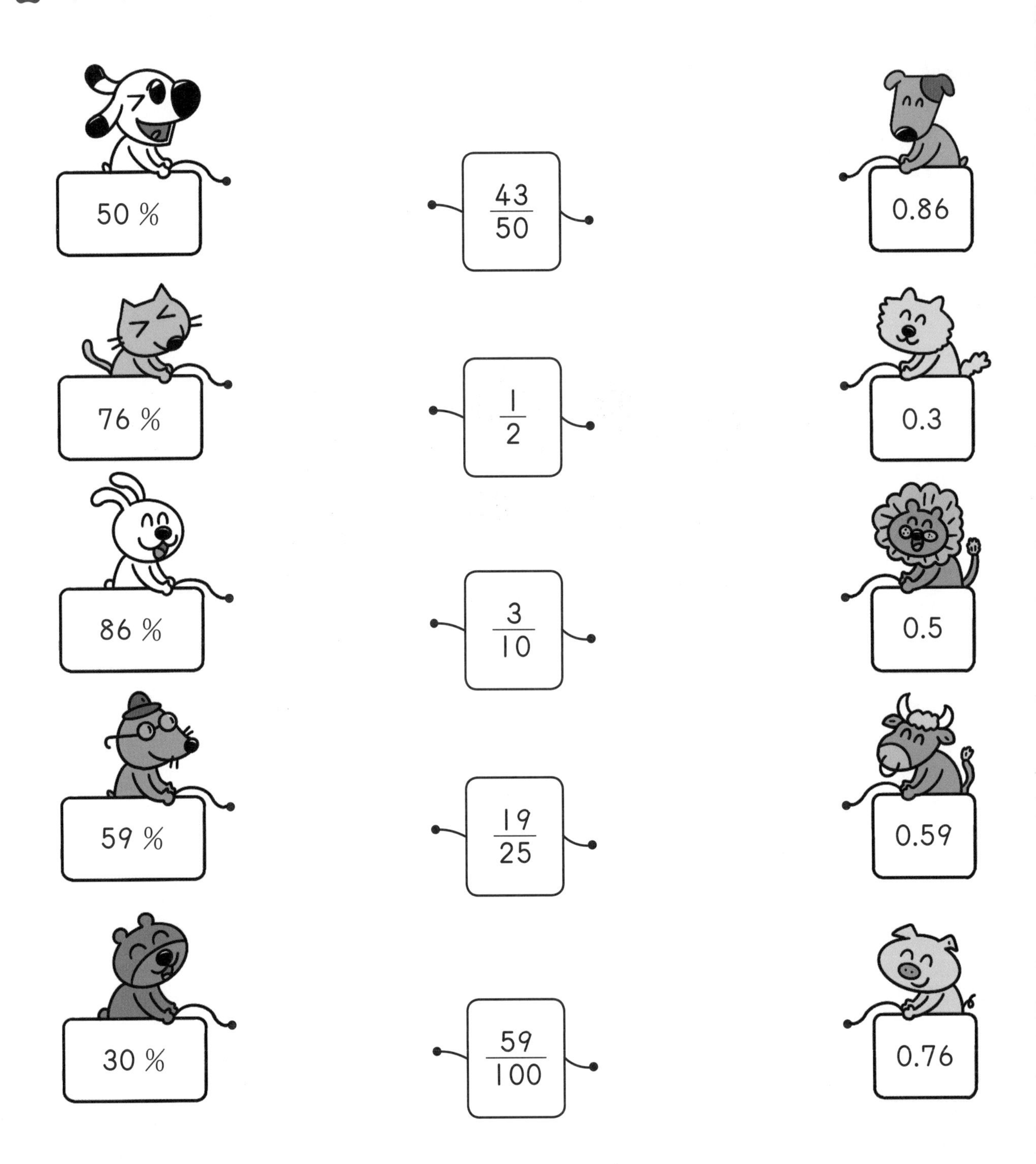

활용 문제

10 진하기가 높을수록 소금물은 더 짜

소금물의 진하기

진하기는 소금물에 소금이 얼마나 들어 있나를 나타내요.

소금물의 양에 대한 소금의 양의 비율 ➡ $\frac{(\text{소금의 양})}{(\text{소금물의 양})}$

소금+물

진하기의 비교

진하기는 비율 그대로 비교해도 되지만 백분율 로 나타내어 비교하면 더 간편합니다.

가

나

$\frac{50}{200}\times 100=25\,(\%)$ > $\frac{60}{300}\times 100=20\,(\%)$

➡ 25>20이므로 가 소금물이 나 소금물보다 더 짭니다.

• 소금의 양은 소금물 전체의 백분율만큼의 양으로 구해요.

진하기가 20 %인 소금물 200 g에 녹아 있는 소금의 양

⬇

(소금의 양)=(소금물 200 g의 20 %만큼의 양)=200×0.2=40 (g)

소금물의 진하기를 백분율로 나타내기 ➡ $\frac{(\text{소금의 양})}{(\text{소금물의 양})}\times 100$

🐾 소금물의 진하기를 백분율로 나타내세요.

❶ 소금의 양: 30 g
소금물의 양: 100 g

➡ $\frac{30}{100}\times 100=\square$ (%)

❷ 소금의 양: 75 g
소금물의 양: 300 g

➡ $\frac{\square}{\square}\times 100=\square$ (%)

❸ 소금의 양: 100 g
소금물의 양: 250 g

➡ $\square$ %

❹ 소금의 양: 48 g
소금물의 양: 80 g

➡ $\square$ %

❺ 소금의 양: 63 g
소금물의 양: 140 g

➡ $\square$ %

❻ 소금의 양: 30 g
소금물의 양: 600 g

➡ $\square$ %

❼ 소금의 양: 35 g
소금물의 양: 500 g

➡ $\square$ %

$$\frac{(\text{소금의 양})}{(\text{소금물의 양})} \times 100 = \frac{(\text{소금의 양})}{(\text{물의 양}) + (\text{소금의 양})} \times 100$$

소금을 물에 녹여 소금물을 만들었을 때, 소금물의 진하기를 백분율로 나타내세요.

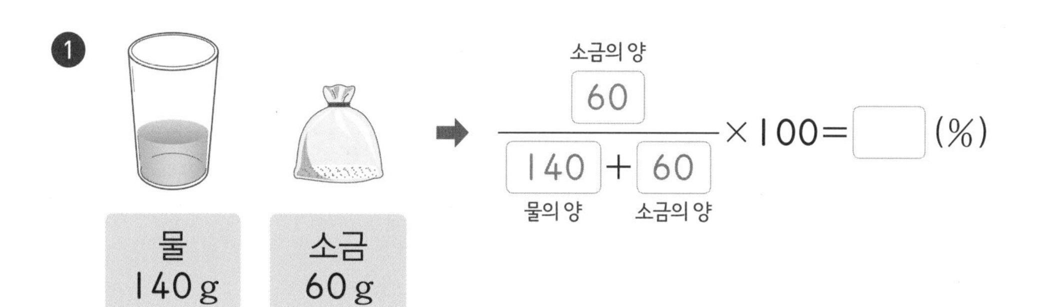

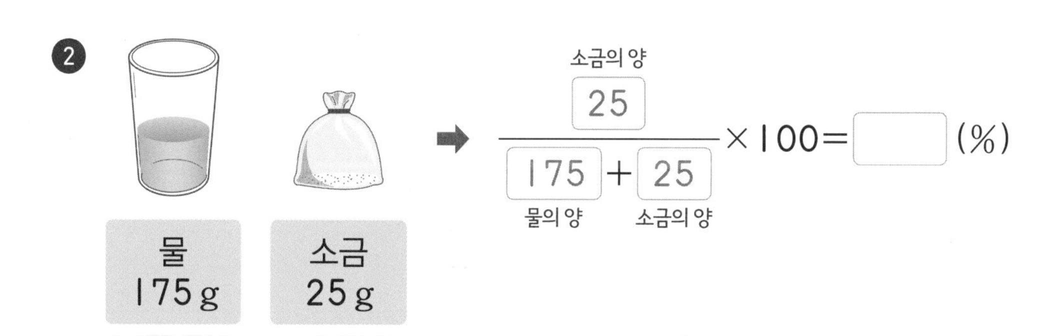

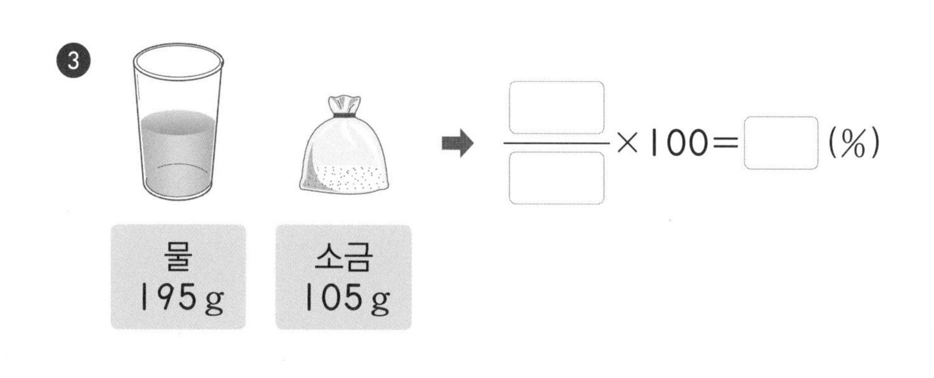

소금물의 양을 물의 양으로 쓰지 않도록 주의해요!

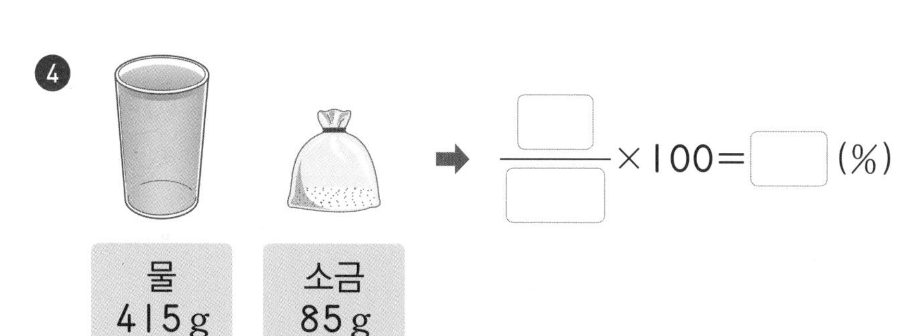

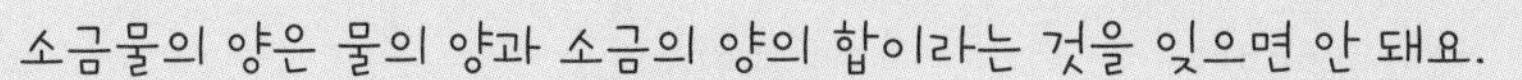

소금물의 진하기를 비교하여 ◯ 안에 >, <를 써넣으세요.

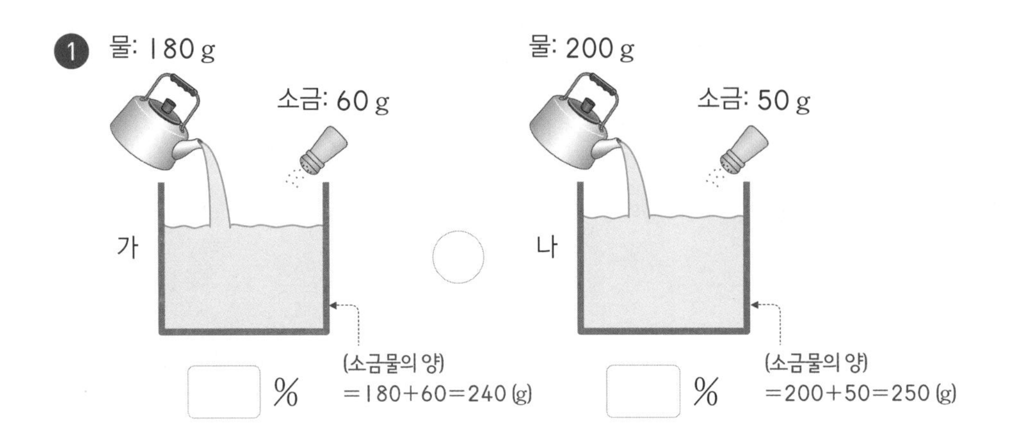

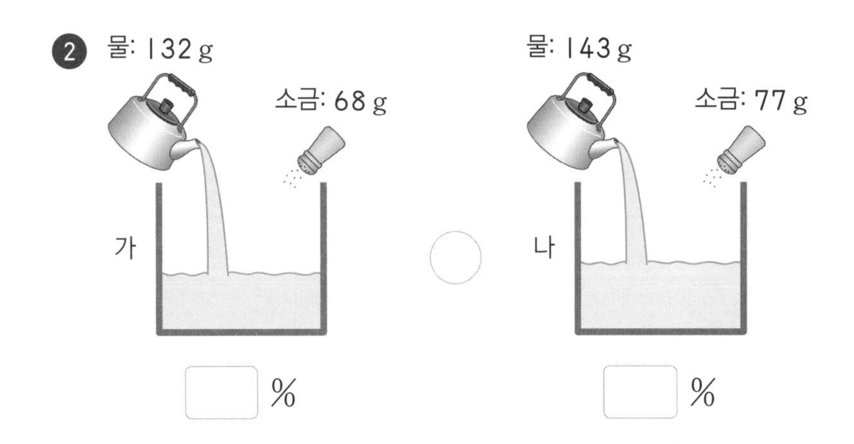

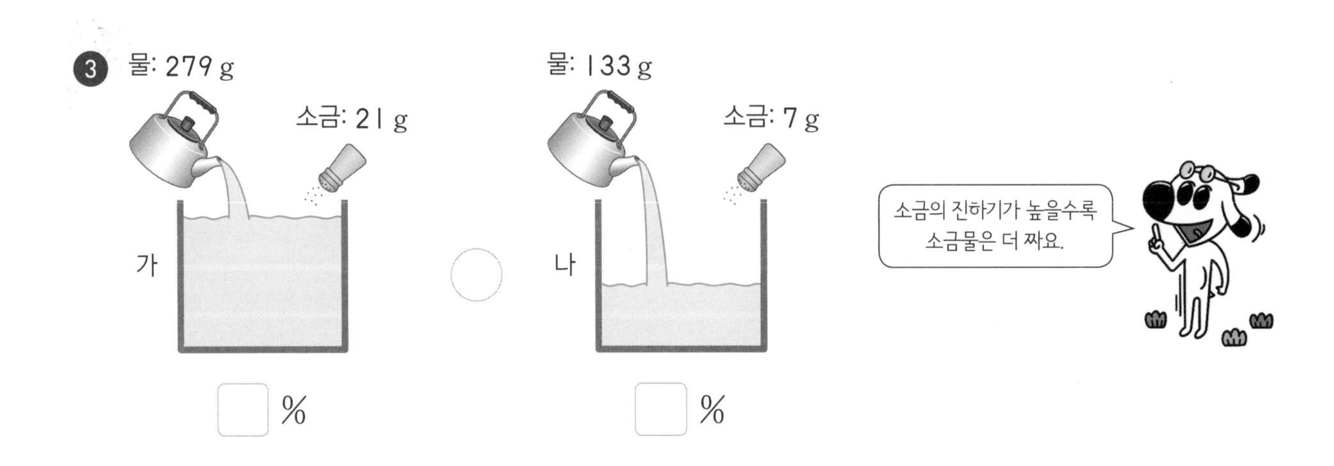

전체(소금물의 양)의 백분율(진하기)만큼의 양으로 소금의 양을 구할 수 있어요.

➡ (소금의 양)=(소금물의 백분율만큼의 양)=(소금물의 양)×(비율)

└ 분수 또는 소수 비율

소금물에 들어 있는 소금의 양을 구하세요.

❶ 소금물의 양: 100 g

진하기: 40 %

➡ 100×☐=☐ (g)

❷ 소금물의 양: 200 g

진하기: 50 %

➡ 200×☐=☐ (g)

❸ 소금물의 양: 400 g

진하기: 43 %

➡ ☐×☐=☐ (g)

❹ 소금물의 양: 500 g

진하기: 52 %

➡ ☐×☐=☐ (g)

❺ 소금물의 양: 250 g

진하기: 26 %

➡ ☐ g

❻ 소금물의 양: 180 g

진하기: 15 %

➡ ☐ g

❼ 소금물의 양: 340 g

진하기: 20 %

➡ ☐ g

❽ 소금물의 양: 720 g

진하기: 35 %

➡ ☐ g

활용 문제

할인율이 높을수록 값은 더 저렴해

할인율

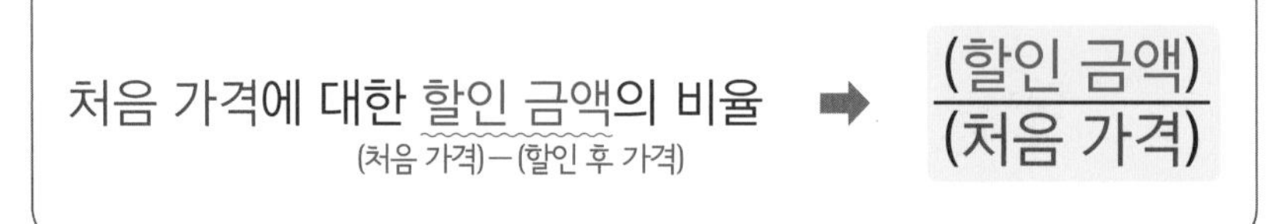

처음 가격에 대한 할인 금액의 비율 ➡ $\frac{\text{(할인 금액)}}{\text{(처음 가격)}}$

(처음 가격)−(할인 후 가격)

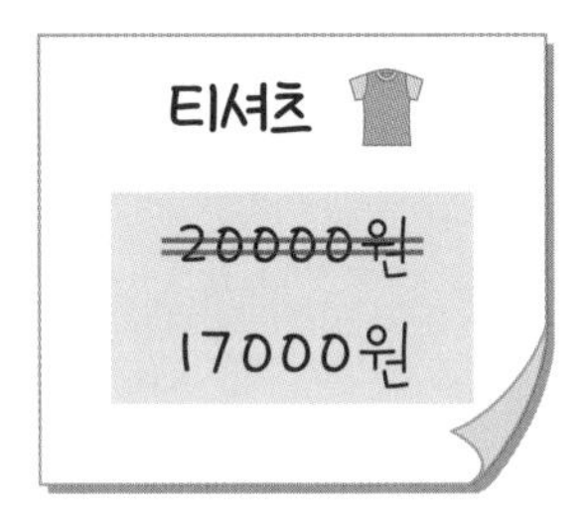

처음 가격: 20000원
할인 금액: 20000−17000=3000(원)

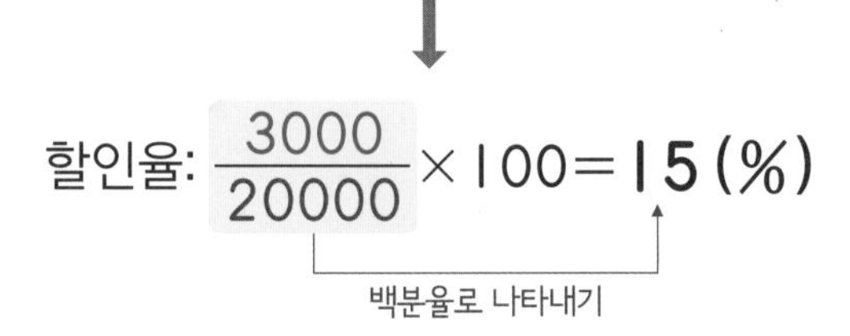

할인율: $\frac{3000}{20000} \times 100 = 15$ (%)

백분율로 나타내기

할인 후 가격 구하기

백분율만큼의 양을 구하는 방법을 이용하여 할인 후 가격을 구할 수 있습니다.

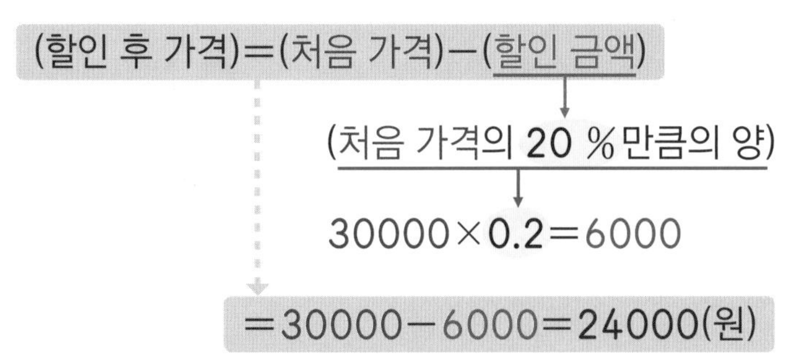

(할인 후 가격)=(처음 가격)−(할인 금액)

(처음 가격의 20 %만큼의 양)

30000×0.2=6000

=30000−6000=24000(원)

- ▲ % 할인한 가격은 처음 가격의 (100−▲) %예요.

20 % 할인한다는 것은 할인 후 가격이 처음 가격의 80 %라는 것이에요.
➡ 30000×0.8=24000(원)

(할인 금액)=(처음 가격)-(할인 후 가격)

할인율을 백분율로 나타내기 ➡ $\frac{(\text{할인 금액})}{(\text{처음 가격})} \times 100$

할인율을 백분율로 나타내세요.

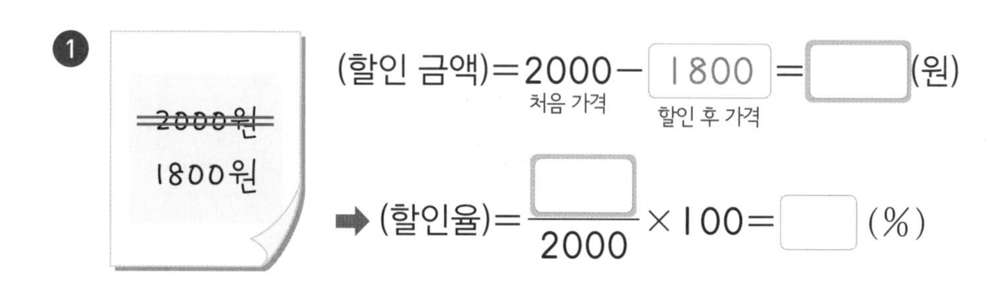

❶ (할인 금액)=2000−1800=□(원)
(2000: 처음 가격, 1800: 할인 후 가격)

➡ (할인율)= $\frac{\square}{2000} \times 100 = \square$ (%)

❷ 10000원 → 7300원

(할인 금액)=□−□=□(원)
(처음 가격, 할인 후 가격)

➡ (할인율)= $\frac{\square}{10000} \times 100 = \square$ (%)

❸ 10000원 → 6400원

(할인 금액)=□−□=□(원)

➡ (할인율)= $\frac{\square}{\square} \times 100 = \square$ (%)

❹ 15000원 → 11250원

(할인 금액)=□−□=□(원)

➡ (할인율)= $\frac{\square}{\square} \times 100 = \square$ (%)

할인율을 백분율로 나타내기

➡ $\frac{(\text{할인 금액})}{(\text{처음 가격})} \times 100 = \frac{(\text{처음 가격})-(\text{할인 후 가격})}{(\text{처음 가격})} \times 100$

할인율을 백분율로 나타내세요.

❶
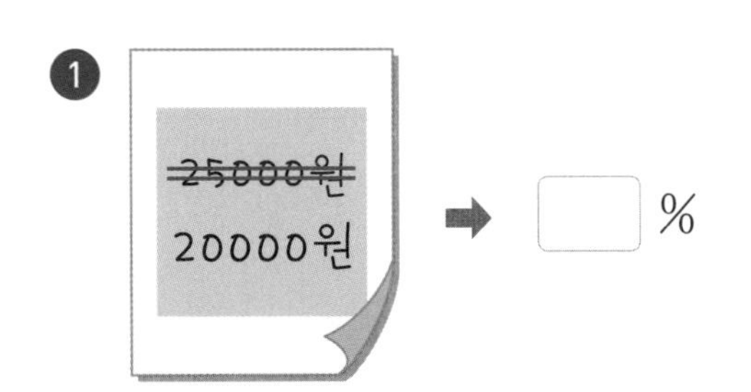

➡ □ %

❷
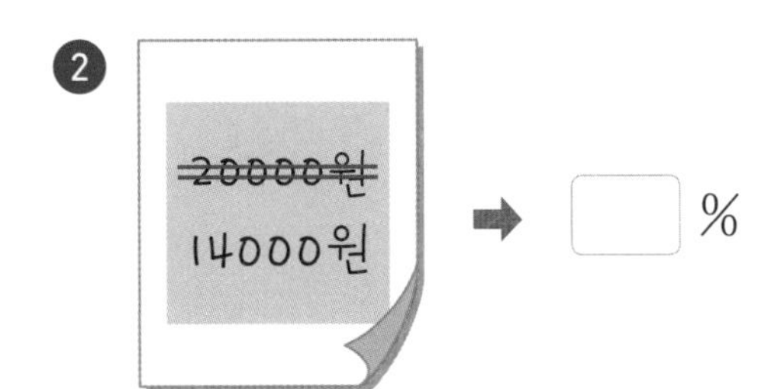

➡ □ %

❸
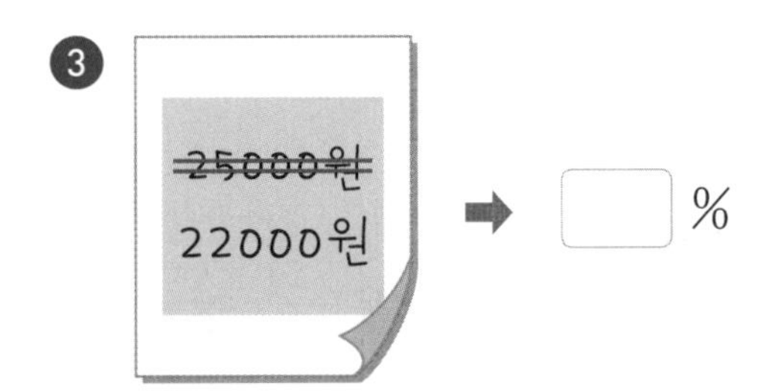

➡ □ %

❹
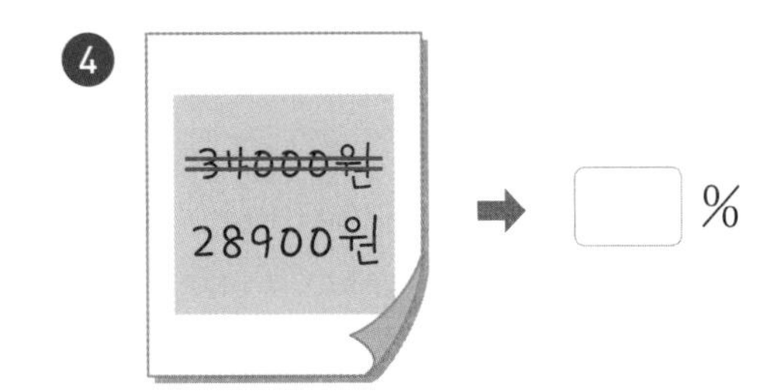

➡ □ %

❺
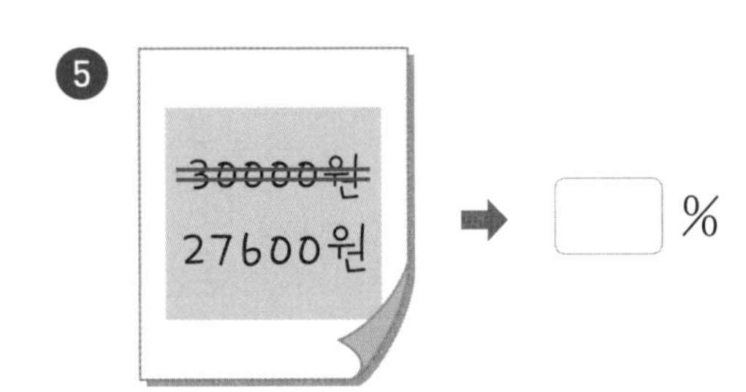

➡ □ %

❻
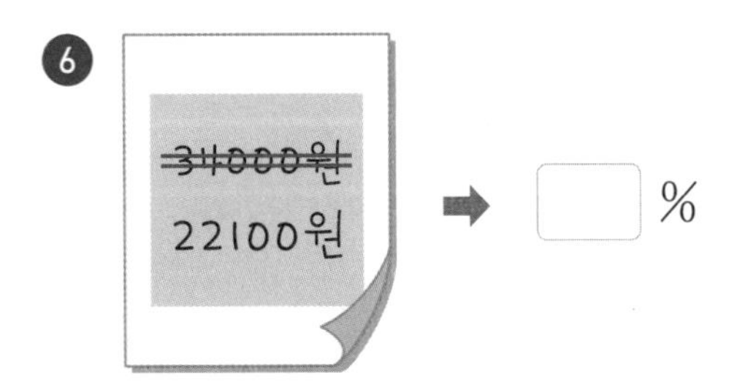

➡ □ %

❼
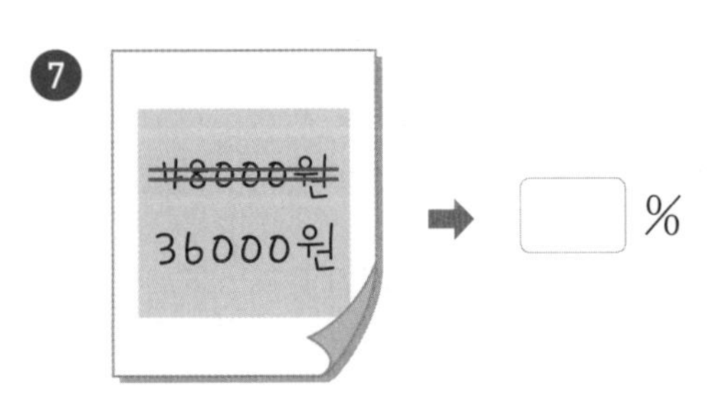

➡ □ %

(할인 후 가격)=(처음 가격)-(할인 금액)

할인 금액: 처음 가격의 백분율만큼의 양

🐾 할인 후 가격을 구하세요.

1

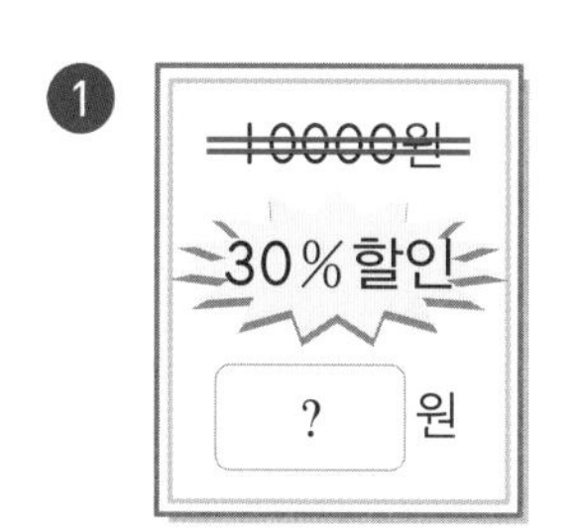

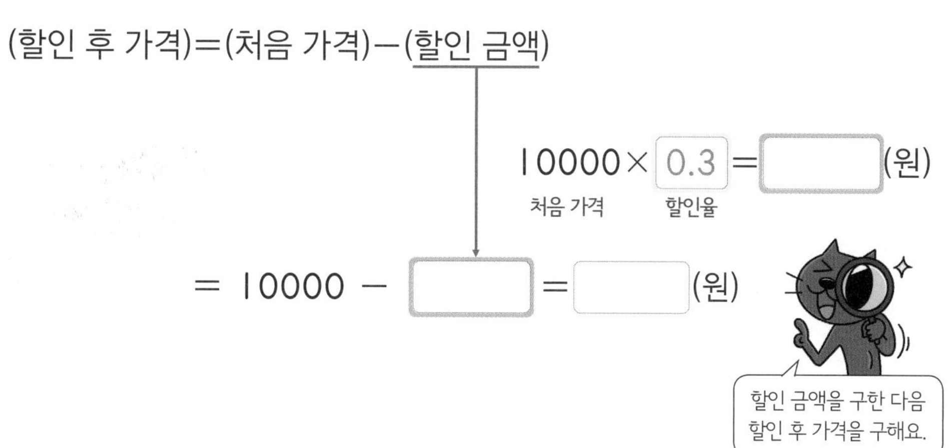

2

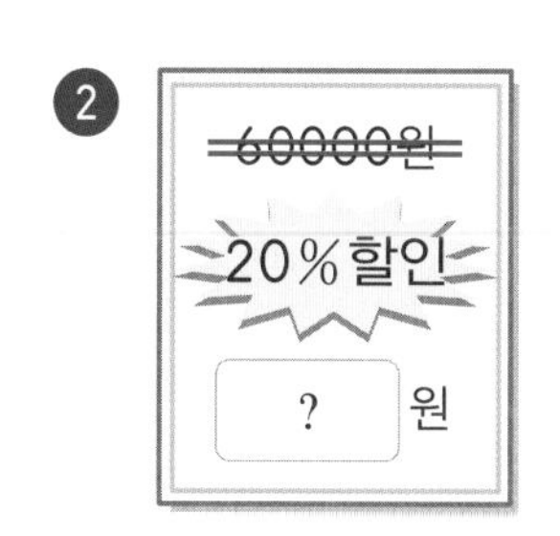

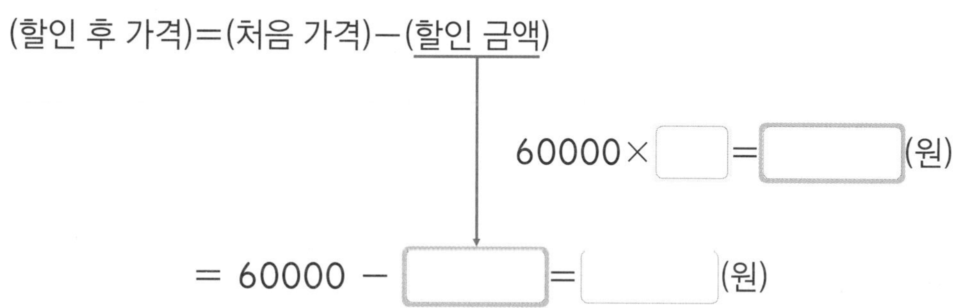

3

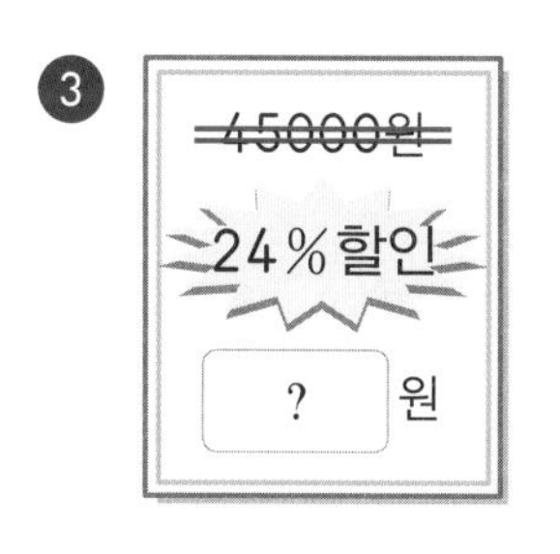

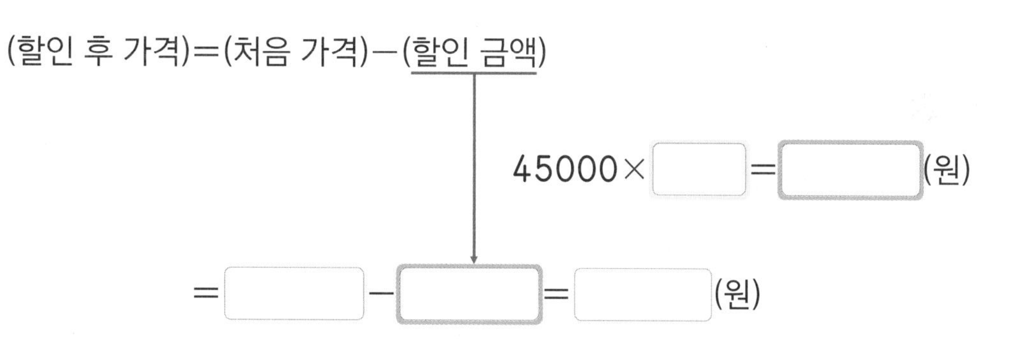

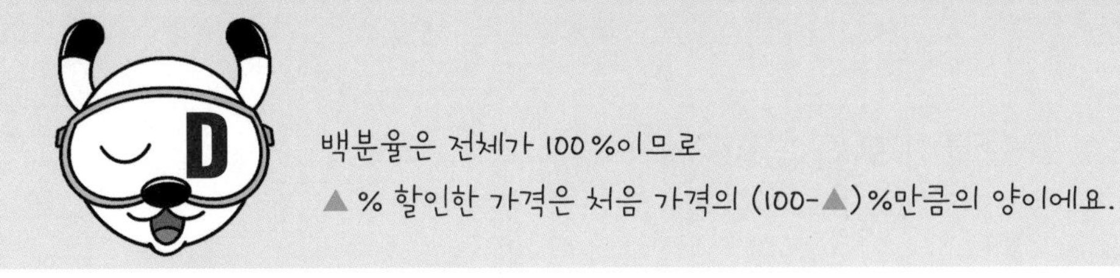
D
백분율은 전체가 100%이므로
▲% 할인한 가격은 처음 가격의 (100-▲)%만큼의 양이에요.

할인 후 가격을 구하세요.

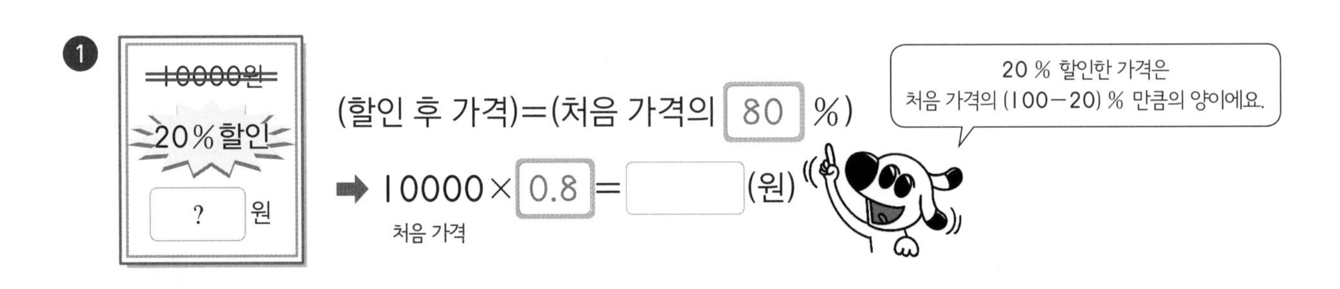
❶
10000원
20%할인
? 원
(할인 후 가격)=(처음 가격의 80 %)
➡ 10000×0.8=　(원)
처음 가격
20 % 할인한 가격은
처음 가격의 (100−20) % 만큼의 양이에요.

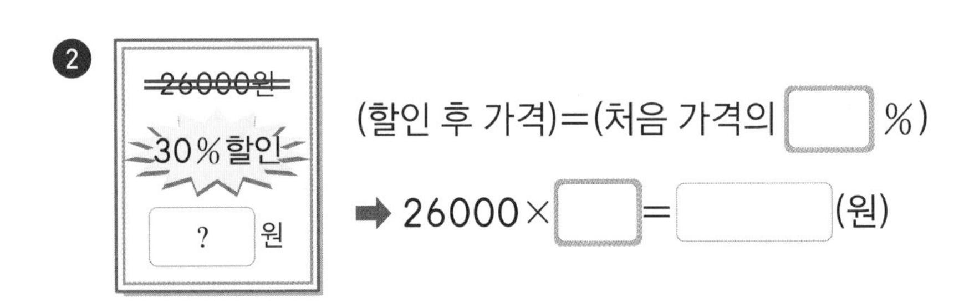
❷
26000원
30%할인
? 원
(할인 후 가격)=(처음 가격의 　%)
➡ 26000×　=　(원)

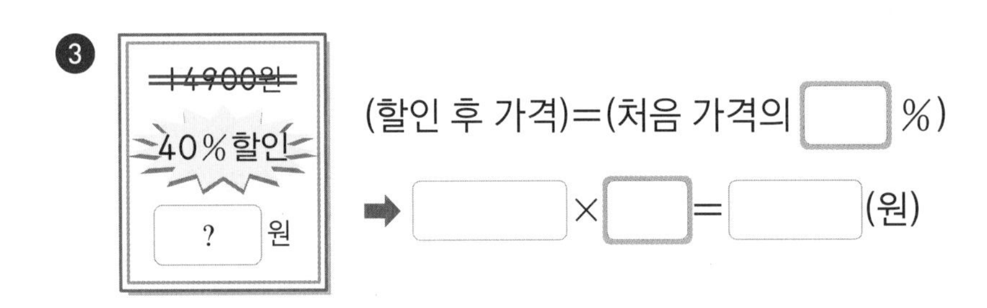
❸
14900원
40%할인
? 원
(할인 후 가격)=(처음 가격의 　%)
➡ 　×　=　(원)

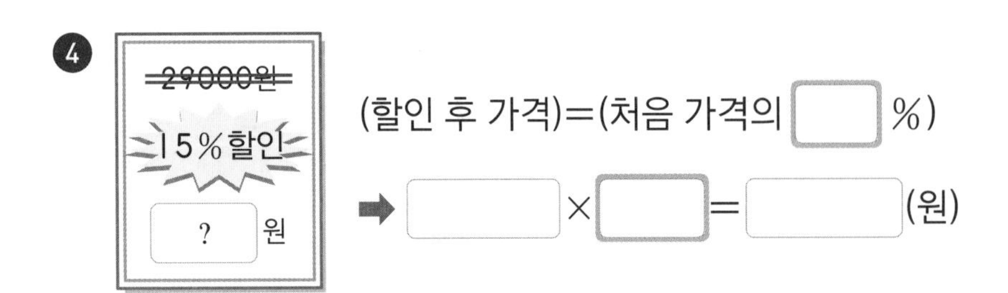
❹
29000원
15%할인
? 원
(할인 후 가격)=(처음 가격의 　%)
➡ 　×　=　(원)

셋째 마당

비의 성질

셋째 마당에서는 비와 비율을 이용하여 비의 성질을 배워보려고 해요.
비율은 분수로 나타낼 수 있으므로 약분이 돼요. 때문에 기준량과 비교하는 양이 각각 다르더라도 비율이 같은 비가 있을 수 있어요.
비율이 같은 비를 구하는 방법과 비를 간단한 자연수로 나타내는 방법을 알아보세요.

공부할 내용!	완료	10일 진도	20일 진도
12 같은 수를 곱하거나 나누어도 비율은 같아	☐	6일차	10일차
13 전항과 후항을 두 수의 최대공약수로 나누어	☐		11일차
14 전항과 후항에 두 분모의 최소공배수를 곱해	☐	7일차	12일차
15 두 항을 분수 또는 소수로 통일해	☐		13일차

같은 수를 곱하거나 나누어도 비율은 같아

전항과 후항

기호 : 의 왼쪽에 있는 수를 전항, 오른쪽에 있는 수를 후항이라고 합니다.

비의 성질

비의 전항과 후항에 각각 0이 아닌 같은 수를 곱하여도 비율은 같습니다.
비의 전항과 후항을 각각 0이 아닌 같은 수로 나누어도 비율은 같습니다.

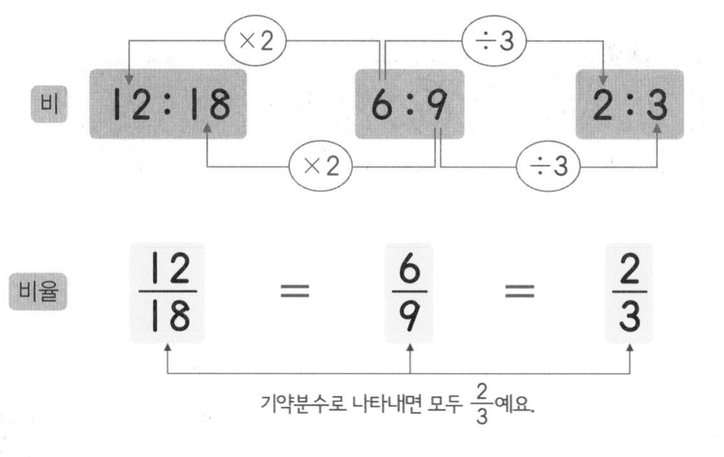

- 전항과 후항에 각각 0을 곱하거나 0으로 나누면 안되는 이유는?

어떤 수도 0으로 나눌 수 없어요.
어떤 수와 0의 곱은 항상 0이에요.

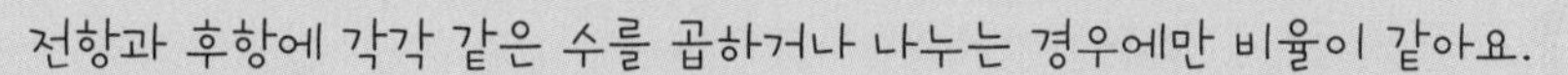

비율을 기약분수로 나타내고, 비율이 같으면 '=', 다르면 '≠'를 ○ 안에 써넣으세요.

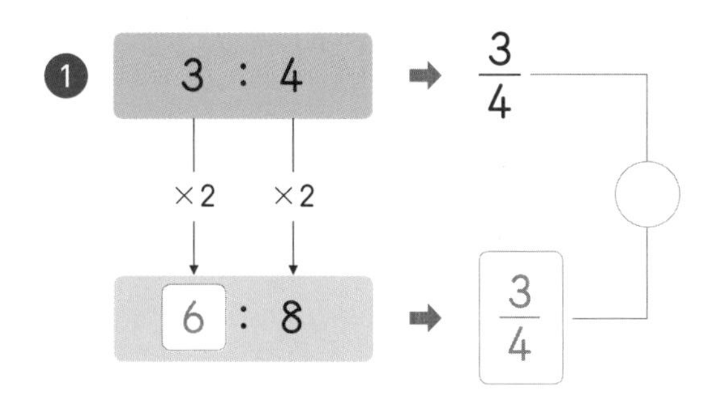

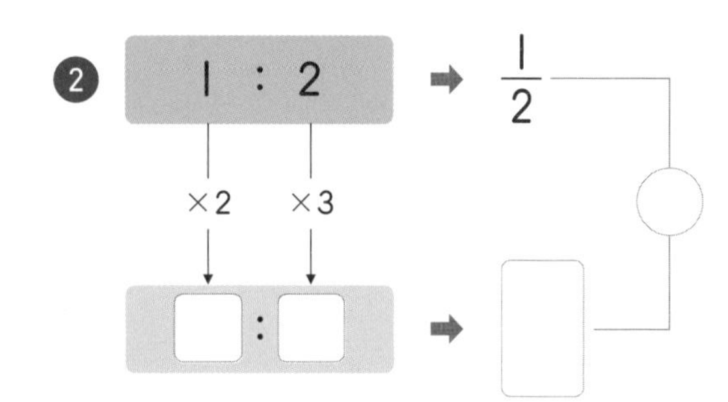

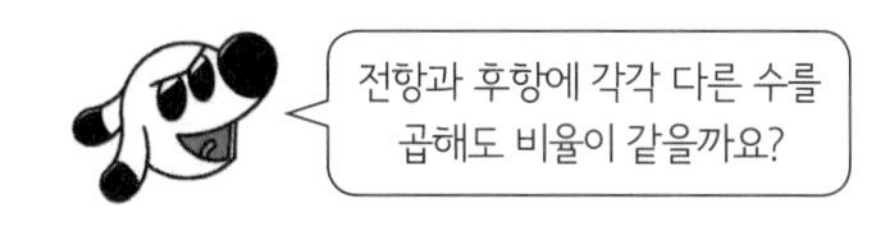

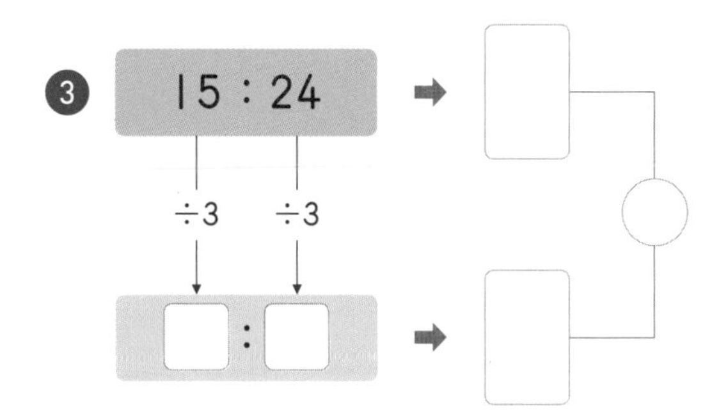

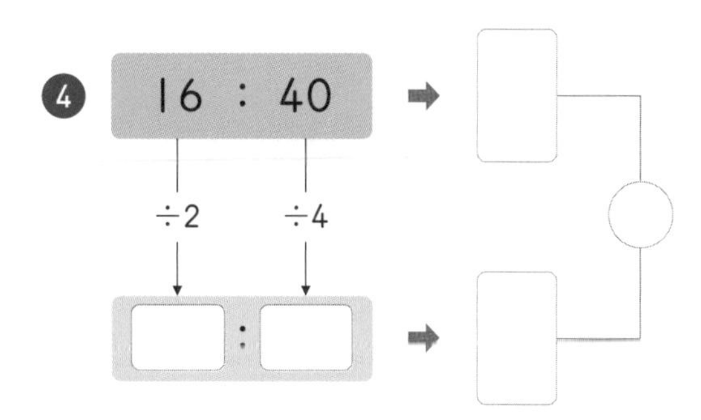

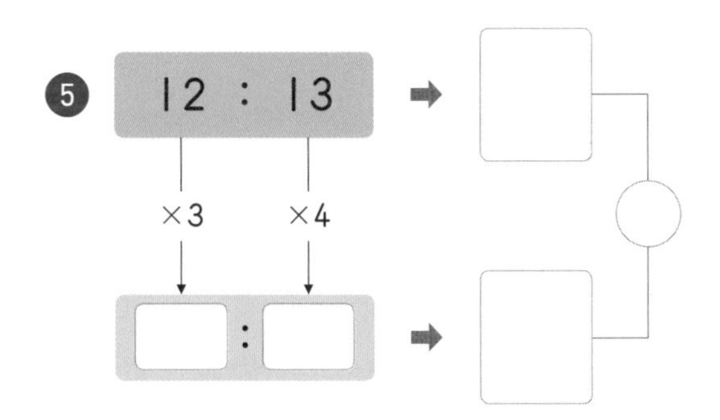

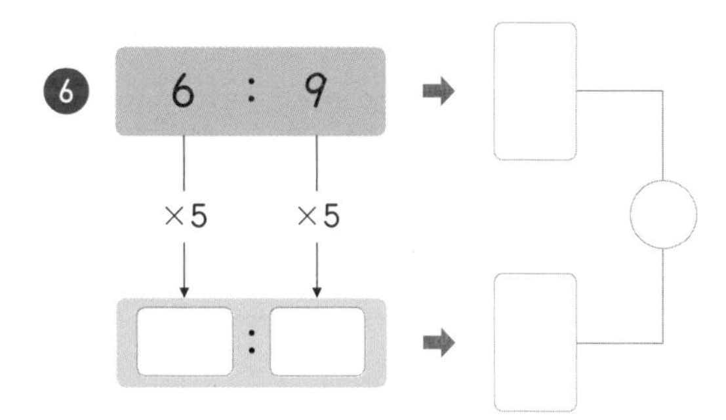

비의 성질을 모두 기억하죠?
전항과 후항에 각각 0이 아닌 같은 수를 곱하거나 나누어서 만든 비를 찾아보세요.

비의 성질을 이용하여 비율이 같은 비를 찾아 ○표 하세요.

❶ 7 : 4 ➡ 21 : 8 ( ) 14 : 8 ( ) 14 : 2 ( )

❷ 8 : 11 ➡ 16 : 20 ( ) 4 : 44 ( ) 32 : 44 ( )

❸ 10 : 15 ➡ 2 : 5 ( ) 20 : 45 ( ) 40 : 60 ( )

❹ 12 : 36 ➡ 6 : 18 ( ) 4 : 8 ( ) 4 : 6 ( )

❺ 45 : 20 ➡ 15 : 10 ( ) 9 : 4 ( ) 9 : 5 ( )

전항과 후항에 각각 0이 아닌 같은 수를 곱하거나 나누어서
비율이 같은 비를 만들어 보세요.

주어진 비와 비율이 같은 비를 만든 것입니다. □ 안에 알맞은 수를 써넣으세요.

❶
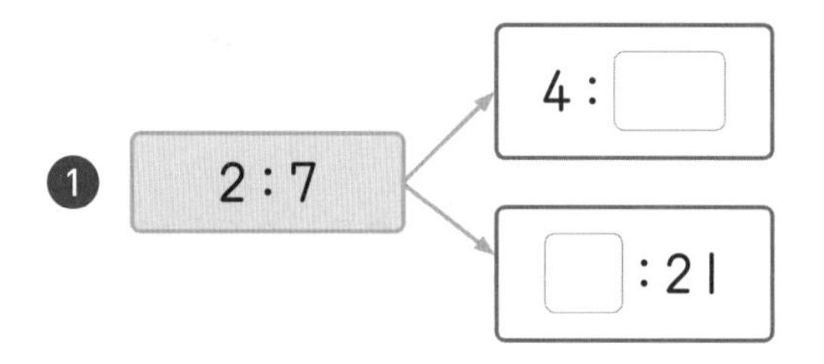

❷
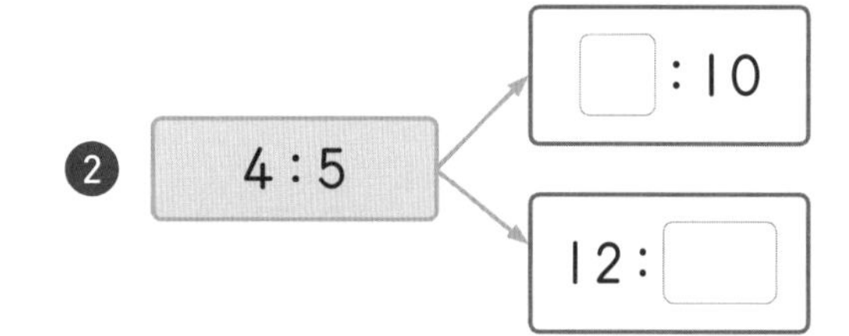

❸
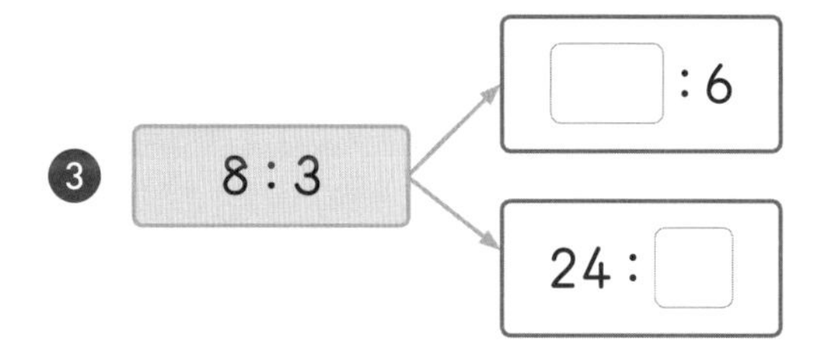

❹
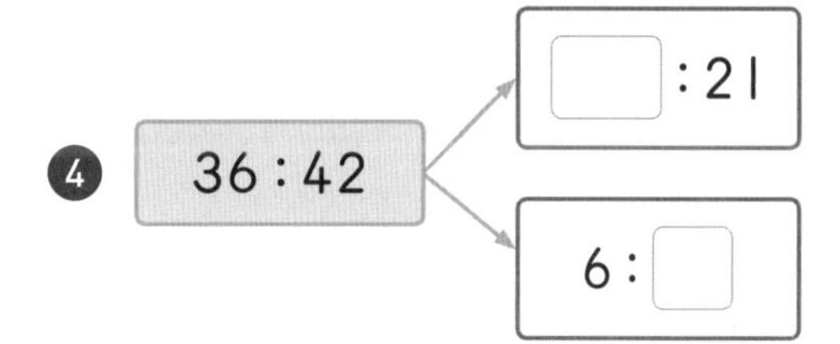

❺
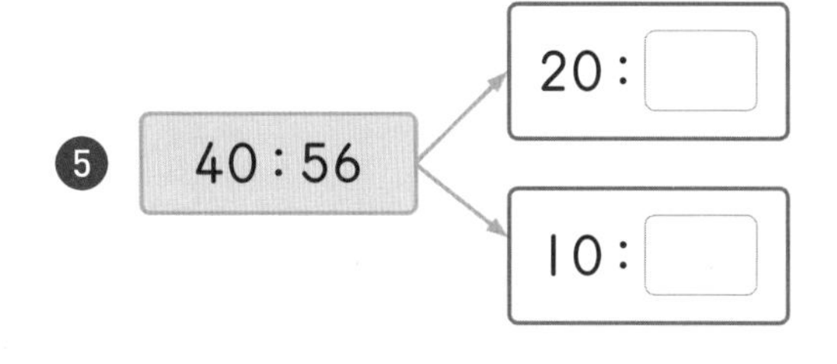

❻
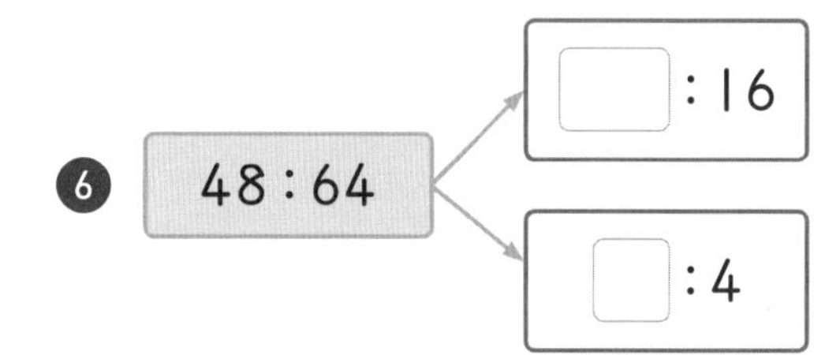

❼
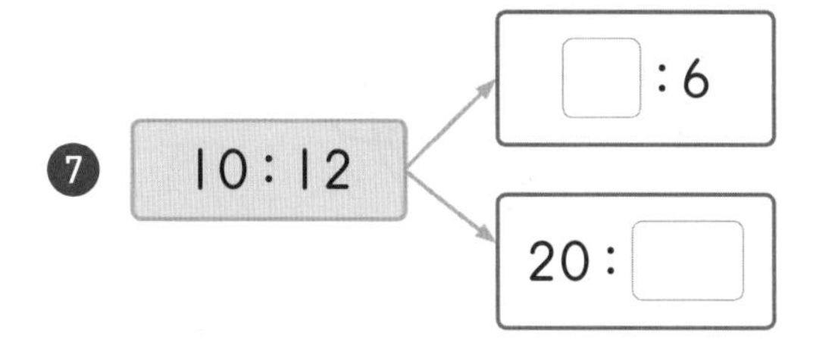

❽
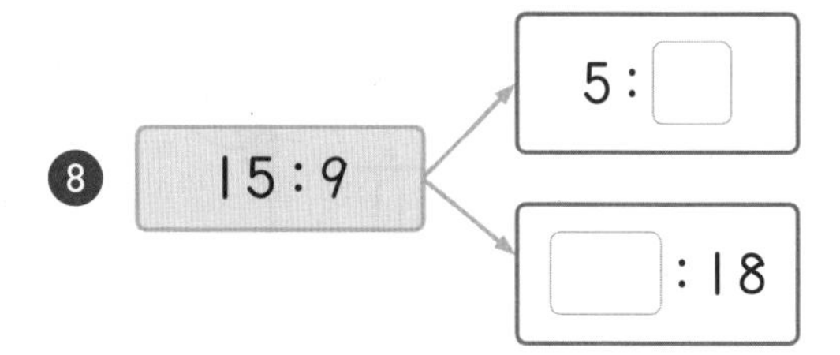

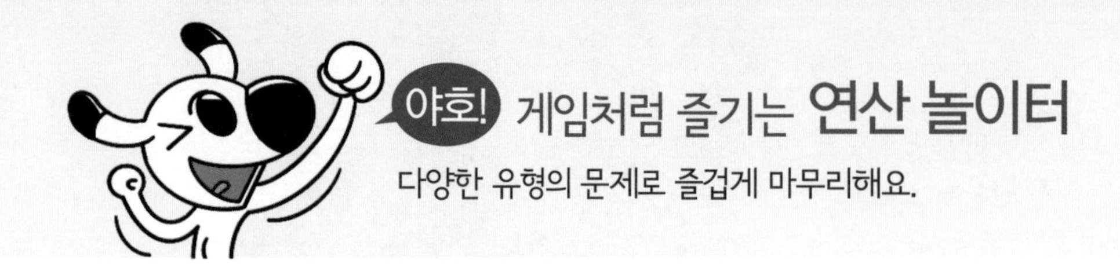

후항이 5 이상 15 미만인 비를 찾아 ○표 하세요.

3 : 4	9 대 10	14 : 11	2와 3의 비
7과 13의 비	12 : 18	9 : 15	2의 5에 대한 비
10 대 18	1 : 14	3에 대한 15의 비	9 : 11
11 : 36	7에 대한 4의 비	16 : 17	14의 3에 대한 비

:

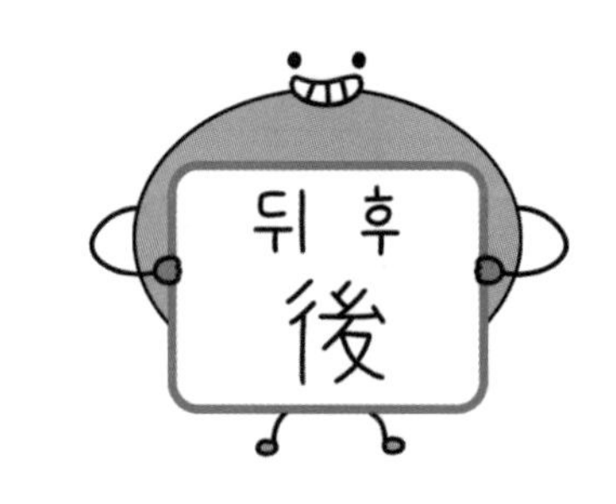

13 전항과 후항을 두 수의 최대공약수로 나누어

(자연수) : (자연수)를 간단한 자연수의 비로 나타내기

전항과 후항을 각각 두 수의 최대공약수로 나누어 간단한 자연수의 비로 나타냅니다.

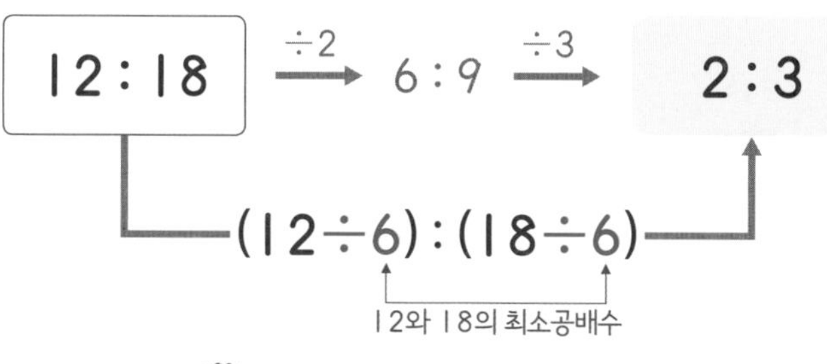

- 최대공약수 구하기

두 수의 공약수를 모두 곱해 최대공약수를 구해요.

```
2 ) 12  18
3 )  6   9
     2   3
```

최대공약수: $2\times3=6$

(소수) : (소수)를 간단한 자연수의 비로 나타내기

전항과 후항에 각각 10, 100 등을 곱해 두 항을 모두 자연수로 만들어 간단한 자연수의 비로 나타냅니다.

소수점 아래 자리 수가 많은 소수가 자연수로 되도록 곱해야 해요.

전항과 후항의 최대공약수를 구해 두 항을 각각 나누어 보세요.

전항과 후항을 각각 최대공약수로 나누어 간단한 자연수의 비로 나타내세요.

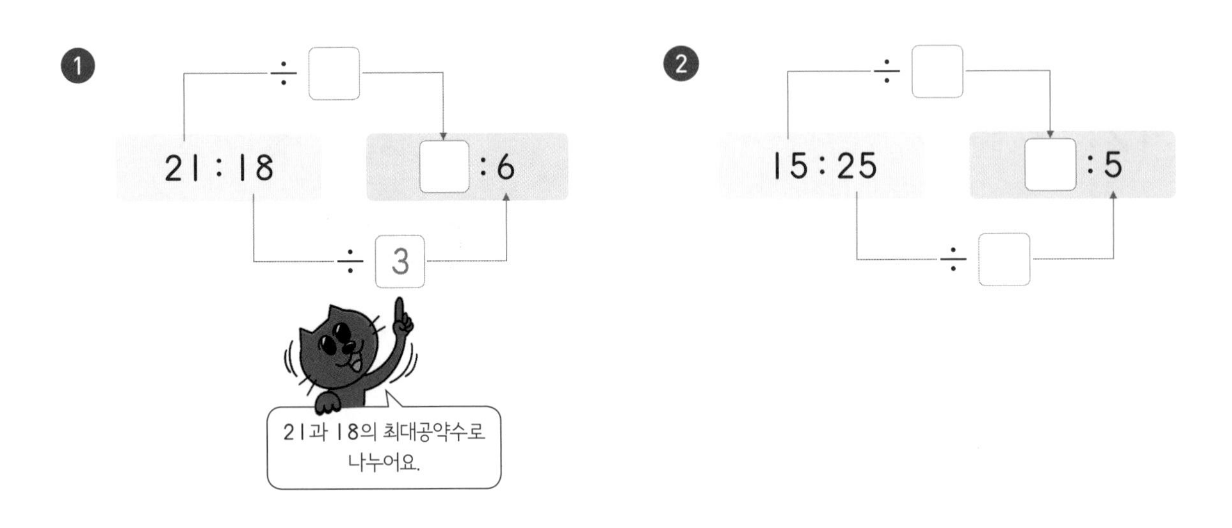

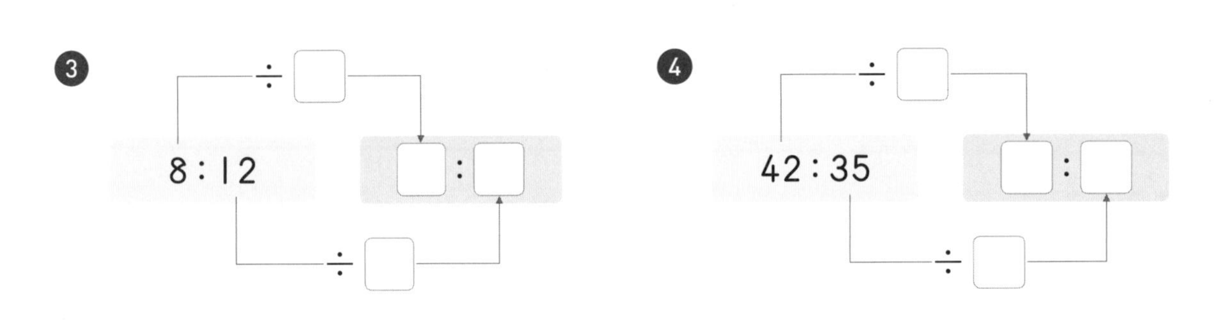

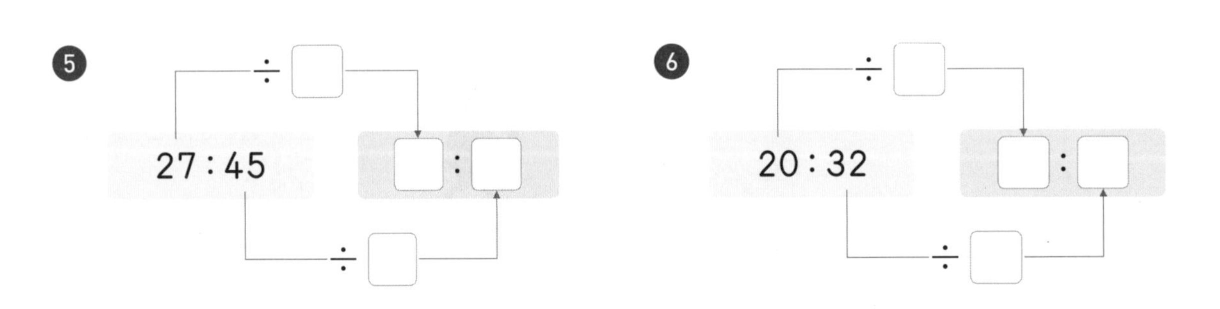

소수점 아래 자리 수가 많은 것을 기준으로
전항과 후항에 각각 10, 100 등을 곱해요.

전항과 후항에 10, 100 등을 곱해 간단한 자연수의 비로 나타내세요.

❶
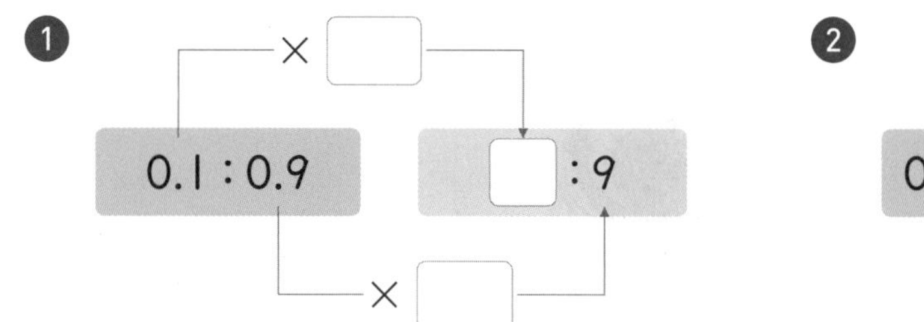

❷
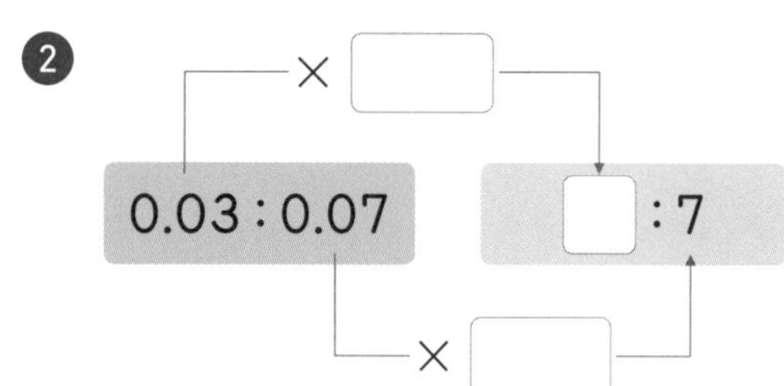

❸ ❹
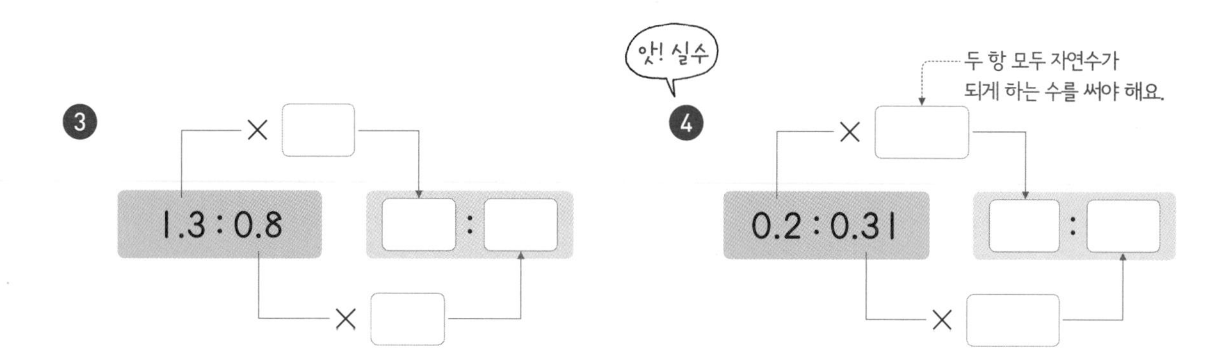

❺
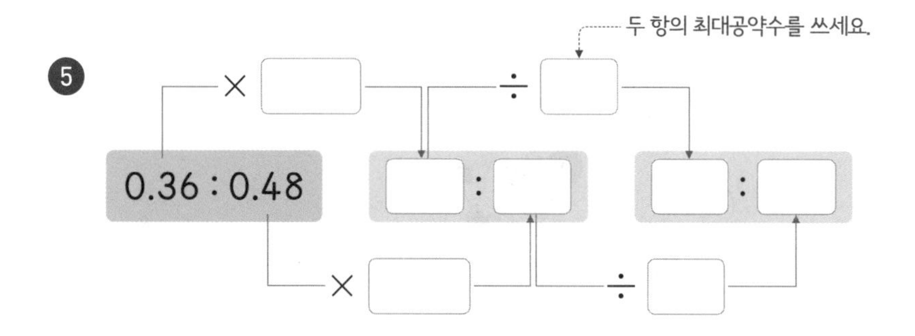

소수가 포함된 비는 가장 먼저 두 항을 모두 자연수로 만든 다음 최대공약수로 나누어 간단한 자연수의 비로 나타내세요.

간단한 자연수의 비로 나타내세요.

❶ 28 : 20 ➡ (　　　　　　　　)

❷ 0.6 : 1.8 ➡ (　　　　　　　　)

❸ 42 : 66 ➡ (　　　　　　　　)

❹ 1.5 : 2.7 ➡ (　　　　　　　　)

❺ 81 : 63 ➡ (　　　　　　　　)

❻ 0.72 : 1.56 ➡ (　　　　　　　　)

소수점 아래 자리 수가 달라요!

앗! 실수

❼ 50 : 90 ➡ (　　　　　　　　)

❽ 1.1 : 0.33 ➡ (　　　　　　　　)

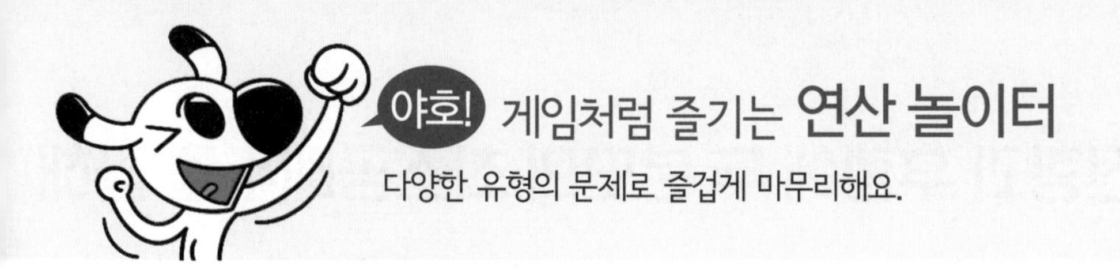

간단한 자연수의 비가 바르게 적힌 길을 따라가 보물을 찾아보세요.

전항과 후항에 두 분모의 최소공배수를 곱해

(진분수) : (진분수)를 간단한 자연수의 비로 나타내기

전항과 후항에 각각 두 분모의 최소공배수를 곱해 간단한 자연수의 비로 나타냅니다.

$\frac{1}{4} : \frac{1}{6}$ ➡ $\left(\frac{1}{4}\times 12\right) : \left(\frac{1}{6}\times 12\right)$ ➡ $3 : 2$

4와 6의 최소공배수

• 최소공배수 구하기

두 수의 공약수와 남은 수를 모두 곱해 최소공배수를 구해요.

2) 4 6

2 3 ➡ 최소공배수: $2\times2\times3=12$

남은 수

(대분수) : (분수)를 간단한 자연수의 비로 나타내기

가장 먼저 대분수를 가분수로 바꾼 다음 전항과 후항에 각각 두 분모의 최소공배수를 곱해 간단한 자연수의 비로 나타냅니다.

$1\frac{1}{2} : \frac{3}{8}$ ➡ $\frac{3}{2} : \frac{3}{8}$ ➡ $12 : 3$ $(4 : 1)$

×8 ×8

12와 3의 최대공약수로 나누어 더 간단히 나타낼 수 있어요.

두 분모가 같을 경우 그 분모가,
두 분모의 공약수가 1뿐일 경우 두 분모의 곱이 최소공배수가 돼요.

전항과 후항에 각각 두 분모의 최소공배수를 곱해 간단한 자연수의 비로 나타내세요.

❶ $\frac{4}{7} : \frac{3}{7}$

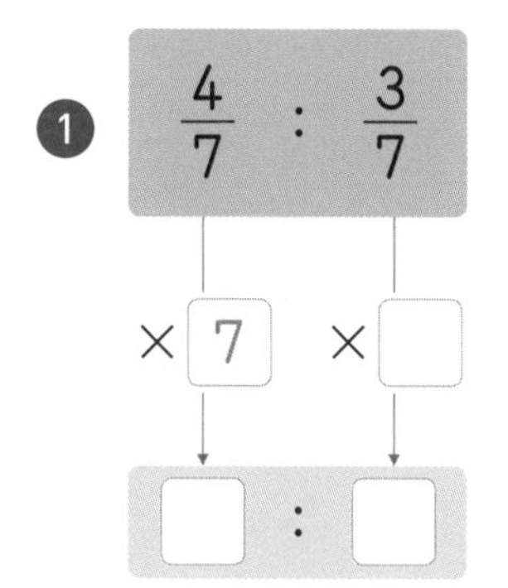

❷ $\frac{4}{9} : \frac{5}{9}$

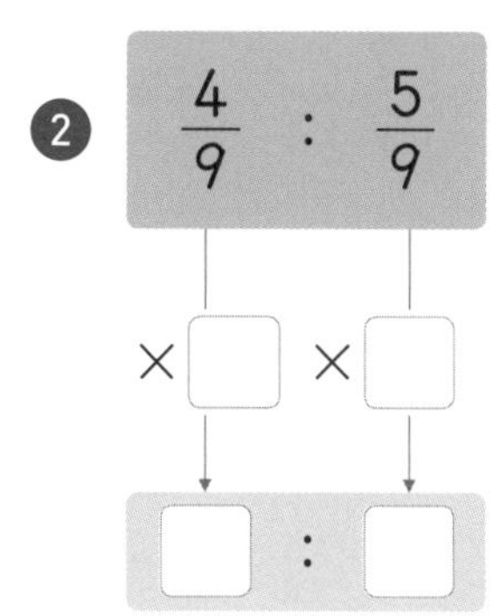

❸ $\frac{1}{11} : \frac{1}{5}$

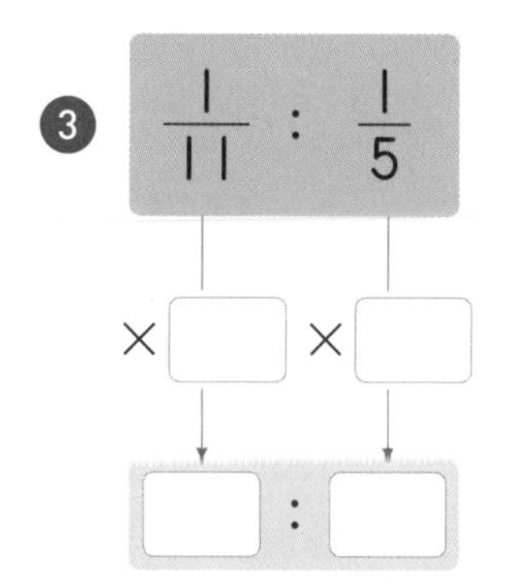

❹ $\frac{1}{5} : \frac{3}{7}$

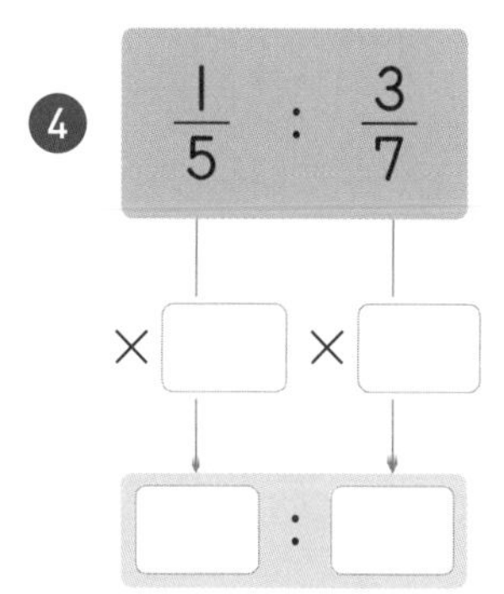

❺ $2\frac{1}{2} : \frac{2}{9}$ → $\frac{5}{2} : \frac{2}{9}$

❻ $\frac{3}{4} : 1\frac{1}{3}$ → $\frac{3}{4} :$ □

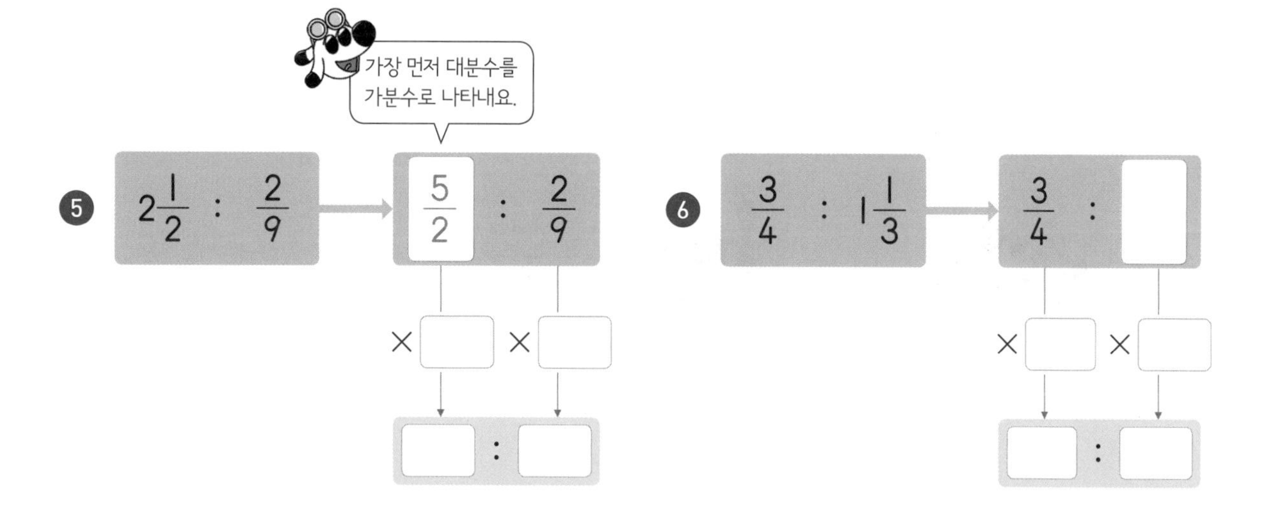

두 분수를 모두 자연수로 만들려면
각 항에 두 분모의 최소공배수를 곱해야 해요.

전항과 후항에 각각 두 분모의 최소공배수를 곱해 간단한 자연수의 비로 나타내세요.

❶ $\frac{1}{3} : \frac{2}{9} \Rightarrow \left(\frac{1}{3} \times \square\right) : \left(\frac{2}{9} \times \square\right) \Rightarrow \square : \square$

❷ $\frac{7}{10} : \frac{4}{15} \Rightarrow \left(\frac{7}{10} \times \square\right) : \left(\frac{4}{15} \times \square\right) \Rightarrow \square : \square$

❸ $\frac{5}{7} : \frac{9}{14} \Rightarrow \left(\frac{5}{7} \times \square\right) : \left(\frac{9}{14} \times \square\right) \Rightarrow \square : \square$

❹ $1\frac{3}{8} : \frac{1}{6} \Rightarrow \left(\square \times \square\right) : \left(\frac{1}{6} \times \square\right) \Rightarrow \square : \square$

❺ $\frac{8}{9} : \frac{4}{15} \Rightarrow \square : \square \Rightarrow \square : \square$

최소공배수를 곱하고~.

최대공약수로 나누어 더 간단히 나타내요.

❻ $\frac{5}{7} : 1\frac{4}{21} \Rightarrow \frac{5}{7} : \square \Rightarrow \square : \square \Rightarrow \square : \square$

도전! 땅 짚고 헤엄치는 문장제

쉬운 문장제로 연산의 기본 개념을 익혀 봐요!

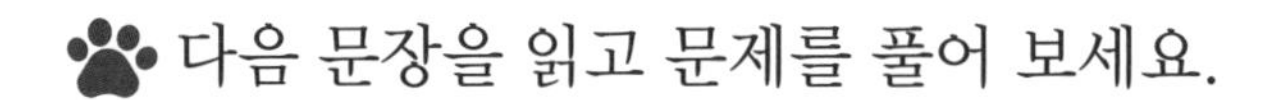

다음 문장을 읽고 문제를 풀어 보세요.

1 오른쪽 비를 간단한 자연수의 비로 나타내었더니 3 : 4가 되었습니다. 전항과 후항에 각각 곱한 수는 얼마일까요?

$\frac{1}{10} : \frac{2}{15}$

10과 15의 최소공배수를 전항과 후항에 각각 곱해 보세요.

2 지우의 가방은 $\frac{1}{2}$ kg이고, 주희의 가방은 $\frac{2}{7}$ kg입니다. 지우와 주희의 가방의 무게의 비를 간단한 자연수의 비로 나타내세요.

3 색 테이프 가와 나의 길이의 비를 간단한 자연수의 비로 나타내세요.

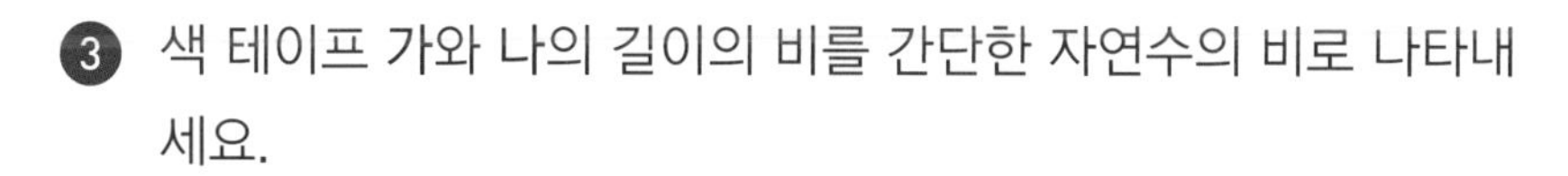

가장 먼저 대분수를 가분수로 바꾸어요.

$1\frac{7}{8} \Rightarrow \frac{15}{8}$

4 두 비를 간단한 자연수의 비로 나타내면 서로 같습니다. □ 안에 알맞은 수를 구하세요.

$1\frac{2}{9} : \frac{2}{3}$ | 11 : □

자연수의 비로 나타낸 다음 전항에 얼마를 곱했는지 알아보세요.

두 항을 분수 또는 소수로 통일해

✪ (분수) : (소수)를 간단한 자연수의 비로 나타내기

두 항을 분수 또는 소수로 통일한 다음 간단한 자연수의 비로 나타냅니다.

방법 1 분수로 통일하기

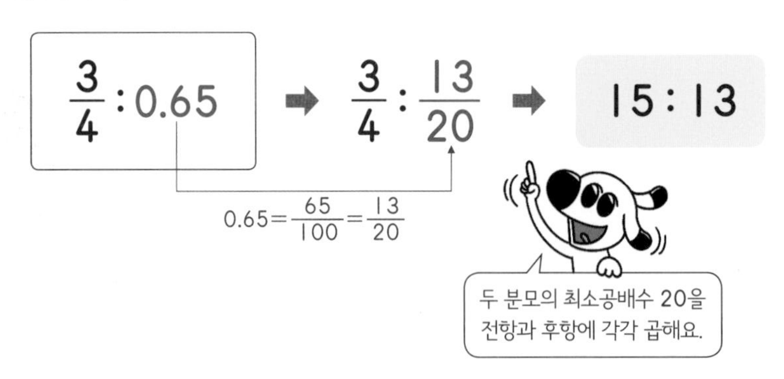

방법 2 소수로 통일하기

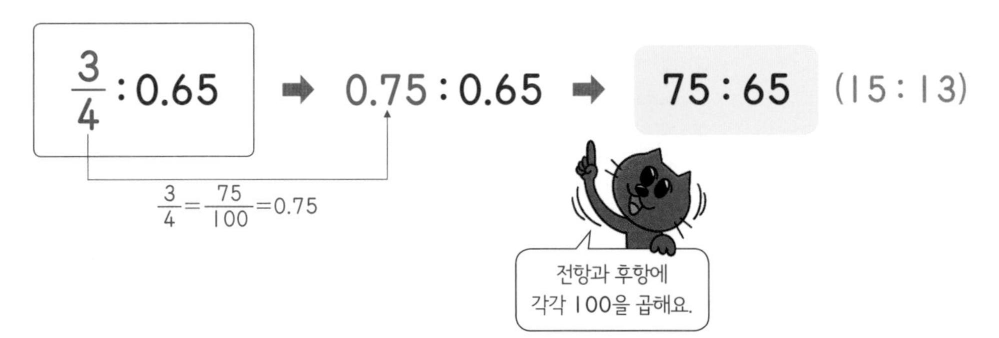

- 두 항을 분수로 통일하는 것이 더 쉬워요.

$\frac{1}{3}$: 0.6 → $\frac{1}{3}$: $\frac{3}{5}$ / 0.33…… : $\frac{3}{5}$

➡ $\frac{1}{3}$=0.333……과 같이 간단한 소수로 나타내기 어려운 분수가 있는 비는 두 항을 분수로 통일하는 것이 더 쉬워요.

소수 한 자리 수는 분모가 10인 분수로,
소수 두 자리 수는 분모가 100인 분수로 나타내요.

소수를 분수로 바꾸어 간단한 자연수의 비로 나타내세요.

❶ $0.3 : \frac{2}{3}$ ➡ $\frac{3}{10} : \frac{2}{3}$ ➡ □ : □

$0.3 = \frac{3}{10}$

두 분모의 최소공배수를 곱하여 자연수로 나타내요.

❷ $\frac{1}{6} : 0.25$ ➡ $\frac{1}{6}$: □ ➡ □ : □

$0.25 = \frac{□}{100} = □$

❸ $0.8 : \frac{8}{9}$ ➡ □ : $\frac{8}{9}$ ➡ □ : □ ➡ □ : □

$0.8 = \frac{□}{10} = □$

최대공약수로 나누어 가장 간단한 자연수로 나타내세요.

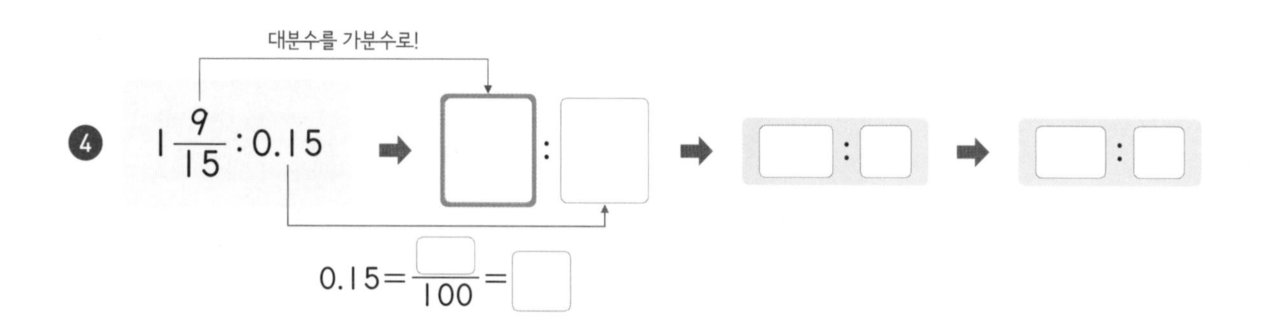

대분수를 가분수로!

❹ $1\frac{9}{15} : 0.15$ ➡ □ : □ ➡ □ : □ ➡ □ : □

$0.15 = \frac{□}{100} = □$

- 분수를 소수로 나타내는 2가지 방법
  ❶ 분모가 10, 100……인 분수로 나타낸 다음 소수로 나타내요.
  ❷ 분자를 분모로 나눈 몫을 소수로 나타내요.

분수를 소수로 바꾸어 간단한 자연수의 비로 나타내세요.

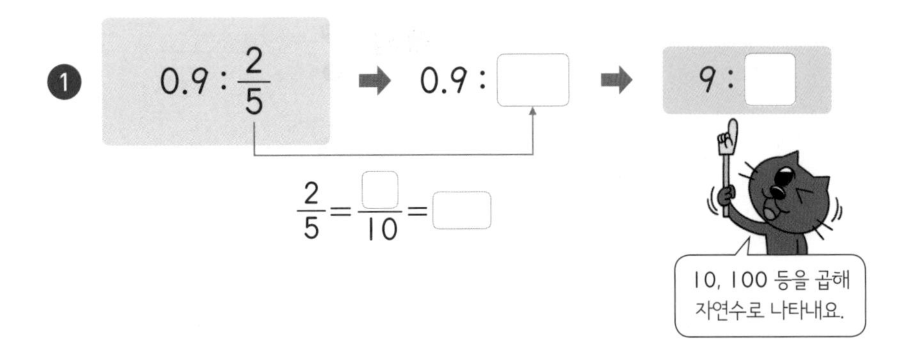

❶ $0.9:\frac{2}{5}$ ➡ $0.9:\square$ ➡ $9:\square$

$\frac{2}{5}=\frac{\square}{10}=\square$

❷ $\frac{1}{4}:0.16$ ➡ $\square:0.16$ ➡ $\square:\square$

$\frac{1}{4}=\frac{\square}{100}=\square$

❸ $0.24:\frac{1}{50}$ ➡ $0.24:\square$ ➡ $24:\square$ ➡ $\square:\square$

$\frac{1}{50}=\frac{\square}{100}=\square$

최대공약수로 나누어
간단히 나타내세요.

❹ $\frac{7}{25}:0.8$ ➡ $\square:0.8$ ➡ $\square:\square$ ➡ $\square:\square$

$\frac{7}{25}=\frac{\square}{100}=\square$

C

간단한 소수로 나타내기 어려운 분수가 있을 경우
소수를 분수로 나타내어 문제를 풀어 보세요.

간단한 자연수의 비로 나타내세요.

❶ $0.6 : \frac{4}{5}$ ➡ (　　　　　　)

❷ $\frac{9}{20} : 0.65$ ➡ (　　　　　　)

❸ $1.5 : \frac{3}{5}$ ➡ (　　　　　　)

❹ $2\frac{1}{2} : 4.5$ ➡ (　　　　　　)

❺ $0.48 : 1\frac{3}{5}$ ➡ (　　　　　　)

❻ $1\frac{5}{7} : 5.5$ ➡ (　　　　　　)

❼ $2.75 : 1\frac{5}{6}$ ➡ (　　　　　　)

❽ $1\frac{7}{9} : 0.8$ ➡ (　　　　　　)

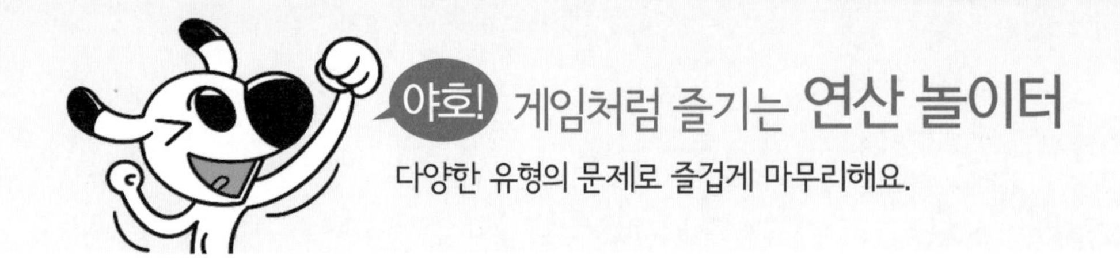

비밀번호를 풀어 보물 상자를 열어 보세요.

비밀번호를 눌러 상자를 여시오.

$1.25 : \frac{3}{7}$ → □□ : □□

간단한 자연수의 비에 들어갈 숫자를
순서대로 누르시오.

비밀번호 : □□□□

넷째 마당

비례식과 비례배분

넷째 마당에서는 비율이 같은 두 비를 기호 '='를 써서 하나의 식으로 나타내는 비례식과 전체 양을 주어진 비로 나누어 나타내는 비례배분을 배워 볼 거예요. 비례식의 성질과 비례배분의 활용까지 차근차근 공부해 봐요.

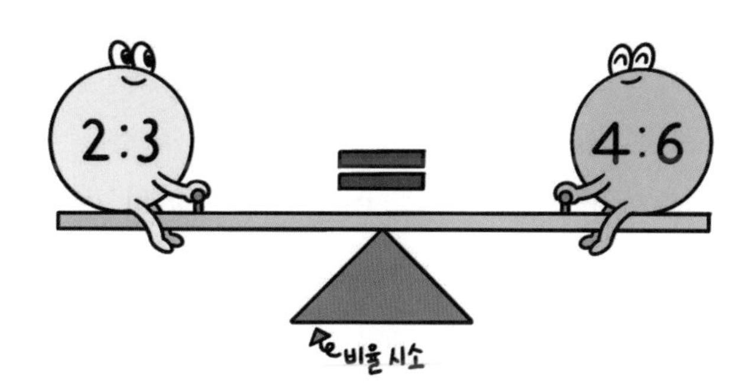

공부할 내용!	완료	10일 진도	20일 진도
16 기호 =를 사용하여 비율이 같은 두 비를 나타내	□	8일차	14일차
17 외항의 곱과 내항의 곱은 같아	□		
18 회전수의 비는 톱니 수의 비의 전항, 후항을 바꿔	□		15일차
19 전체를 주어진 비가 되도록 나눌 수 있어	□	9일차	16일차
20 비례배분하면 길이도, 넓이도 구할 수 있어	□		17일차

16 기호 =를 사용하여 비율이 같은 두 비를 나타내

비례식: 비율이 같은 두 비를 기호 '='를 사용하여 나타낸 식

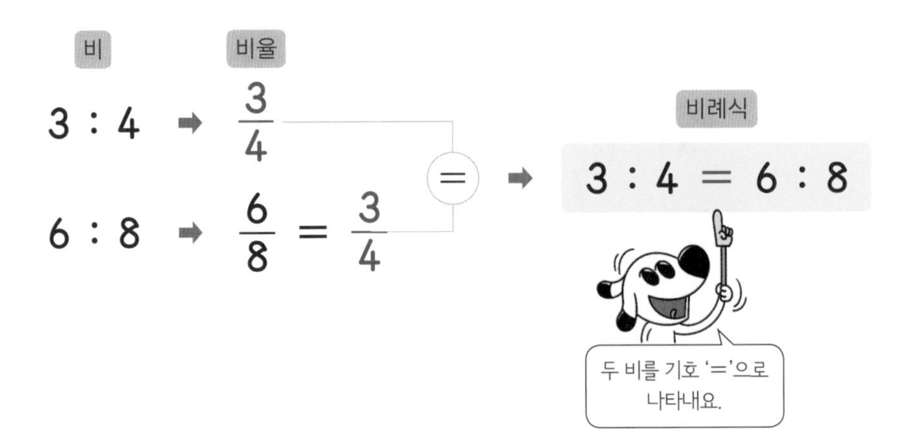

외항과 내항

비례식에서 바깥쪽에 있는 3과 8을 외항, 안쪽에 있는 4와 6을 내항이라고 합니다.

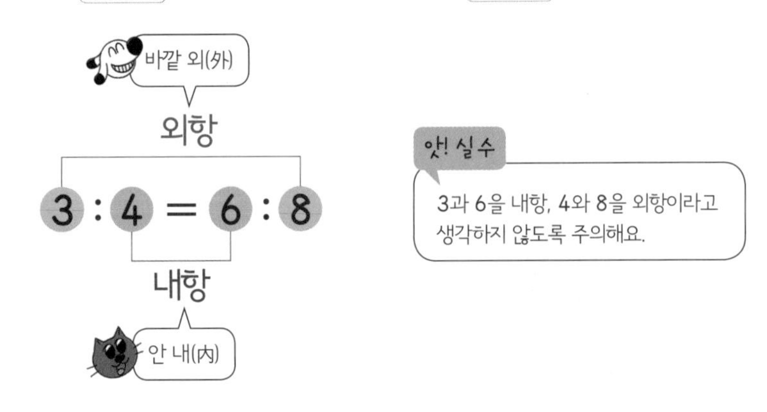

- 비례식에서 비의 성질을 찾을 수 있어요.

$3:4=6:8$ (×2, ×2)

비율이 같은 두 비는 비의 성질을 만족하므로 비례식의 두 비도 비의 성질을 만족합니다.

비례식에서 바깥쪽에 있는 항을 외항, 안쪽에 있는 항을 내항이라고 해요.

비례식에서 외항과 내항을 찾아 쓰세요.

❶ $2:3=4:6$

➡ 외항: ☐, ☐

➡ 내항: ☐, ☐

❷ $8:3=16:6$

➡ 외항: ☐, ☐

➡ 내항: ☐, ☐

❸ $5:7=20:28$

➡ 외항: ☐, ☐

➡ 내항: ☐, ☐

❹ $1:9=8:72$

➡ 외항: ☐, ☐

➡ 내항: ☐, ☐

❺ $2:5=12:30$

➡ 외항: ☐, ☐

➡ 내항: ☐, ☐

❻ $0.16:0.04=12:3$

➡ 외항: ☐, ☐

➡ 내항: ☐, ☐

❼ $\frac{3}{8}:\frac{9}{10}=5:12$

➡ 외항: ☐, ☐

➡ 내항: ☐, ☐

- 비율이 같은지 확인하는 2가지 방법
  ❶ 두 비의 비율을 직접 구해 확인하기
  ❷ 비의 성질을 이용하여 확인하기

비례식이면 '='를, 비례식이 아니면 '≠'를 ○ 안에 써넣으세요.

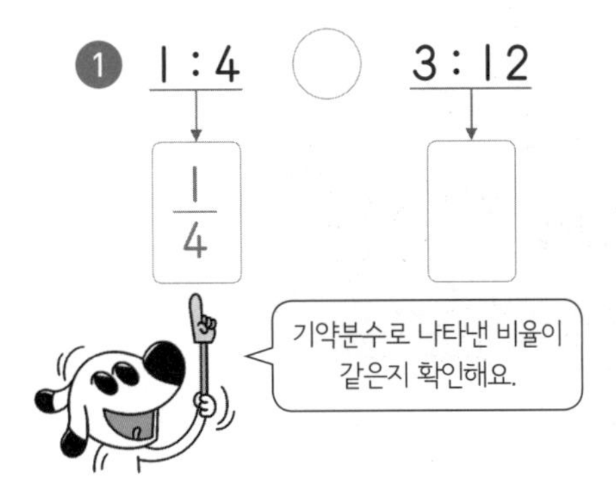

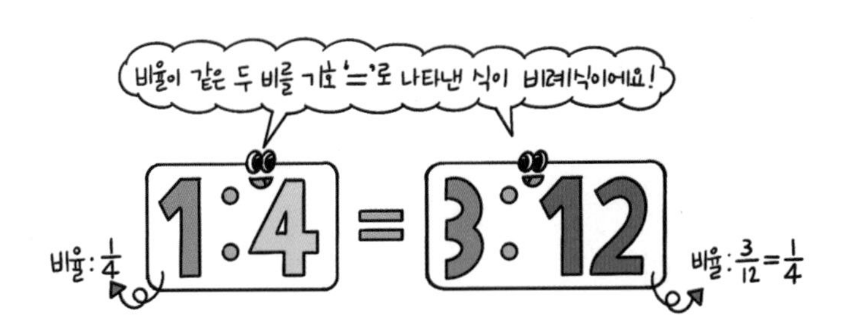

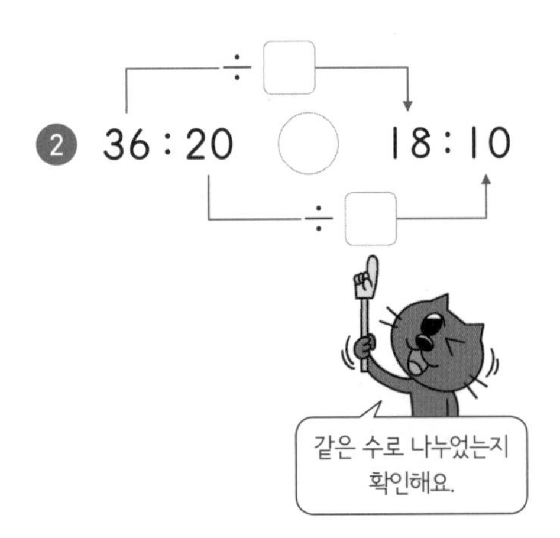

❸ 21 : 30 ○ 7 : 9

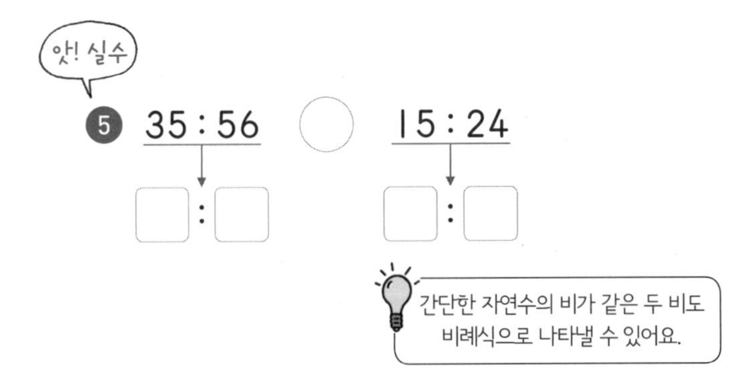

❻ 8 : 18 ○ 12 : 27

❼ 40 : 56 ○ 10 : 16

소수 또는 분수가 있는 비에서는
간단한 자연수의 비가 같은 두 비를 찾아 비례식으로 나타내면 쉬워요.

간단한 자연수의 비가 같은 두 비를 찾아 비례식으로 나타내세요.

❶ 15 : 12　　7 : 8　　5 : 4

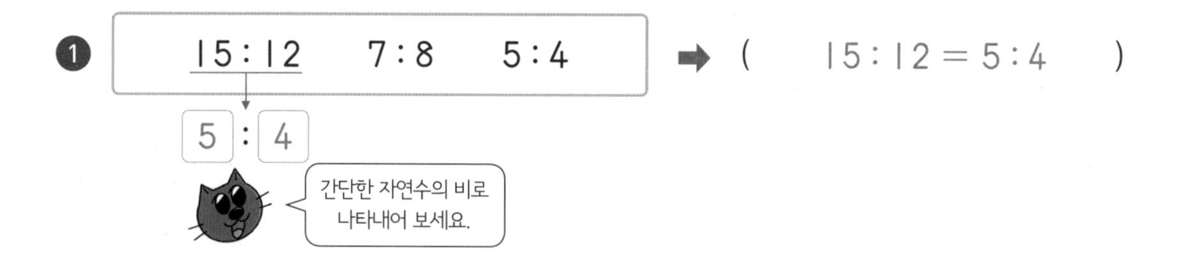

15 : 12 → 5 : 4

➡ (　15 : 12 = 5 : 4　)

❷ 12 : 8　　48 : 36　　3 : 2

12 : 8 → □ : □　　48 : 36 → □ : □

➡ (　　　　　　　　)

❸ $\frac{3}{5} : \frac{1}{6}$　　17 : 5　　1.8 : 0.5

$\frac{3}{5} : \frac{1}{6}$ → □ : □　　1.8 : 0.5 → □ : □

➡ (　　　　　　　　)

❹ $\frac{7}{20} : 0.14$　　10 : 4　　18 : 45

$\frac{7}{20} : 0.14$ → □ : □　　10 : 4 → □ : □　　18 : 45 → □ : □

➡ (　　　　　　　　)

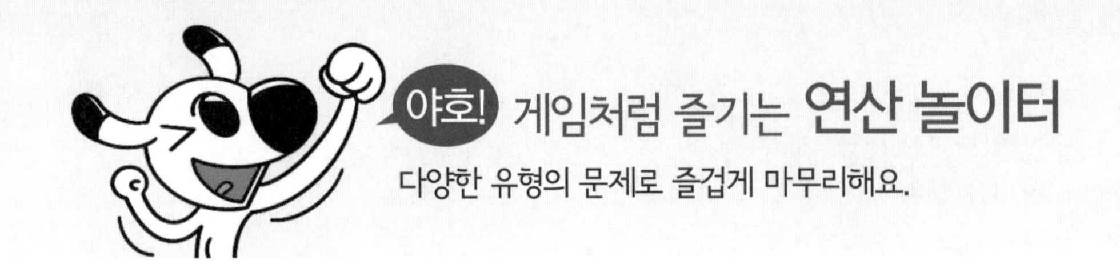

비례식이 적힌 표지판을 따라가면 과자 집이 나옵니다. 길을 따라 선을 긋고 도착한 과자 집에 ◯표 하세요.

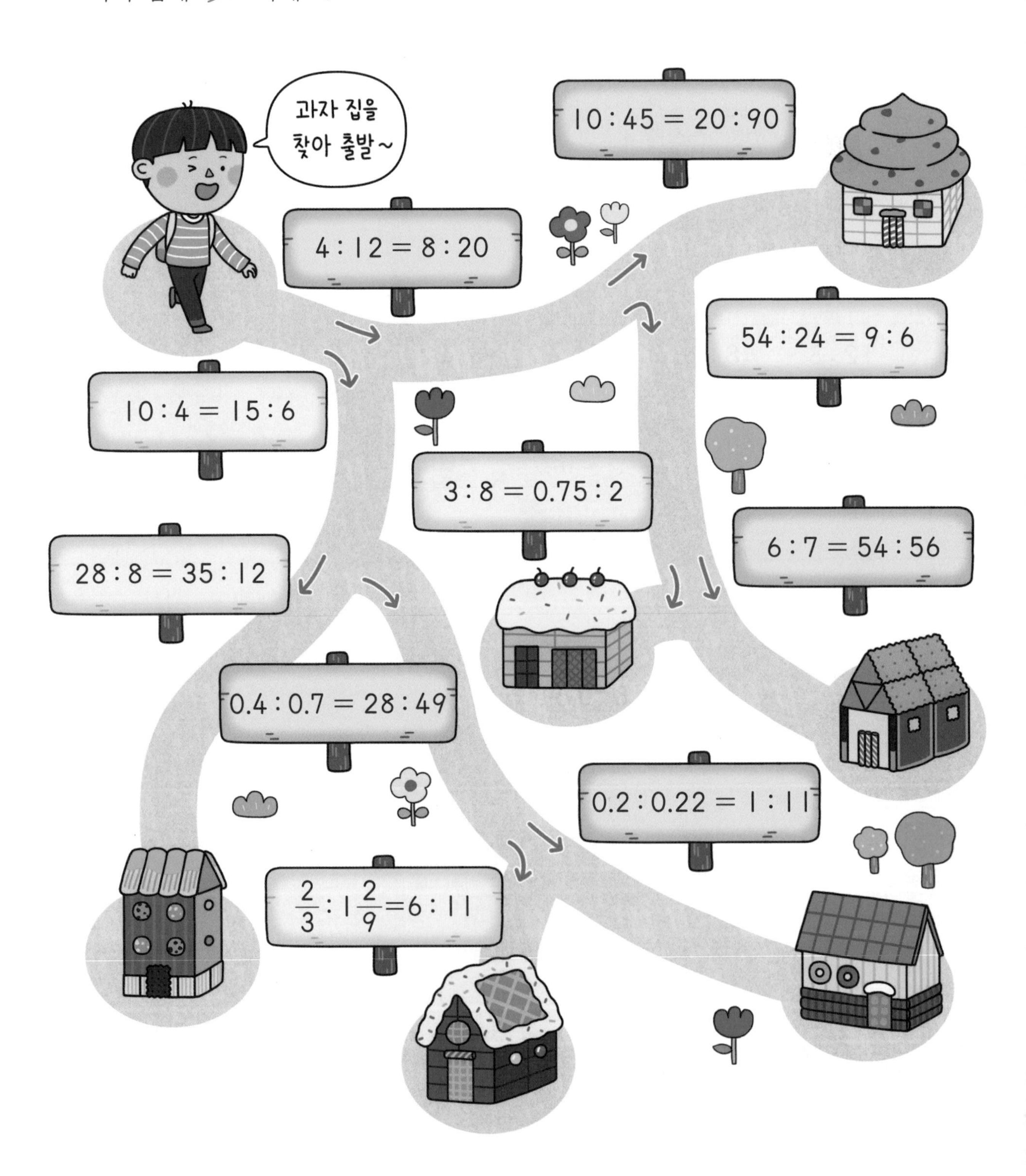

17 외항의 곱과 내항의 곱은 같아

비례식의 성질

비례식에서 외항의 곱과 내항의 곱은 같습니다.

• 비례식인 경우

$3\times8=24$

$3:4=6:8$

$4\times6=24$

➡ 외항의 곱과 내항의 곱이 같습니다.

• 비례식이 아닌 경우

$3\times4=12$

$3:4=6:4$

$4\times6=24$

➡ 외항의 곱과 내항의 곱이 같지 않습니다.

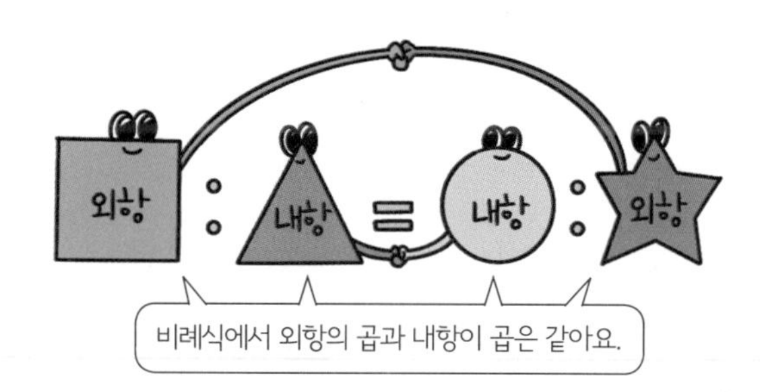

비례식에서 외항의 곱과 내항이 곱은 같아요.

비례식에서 모르는 수 구하기

비례식의 성질을 이용하면 모르는 수를 구할 수 있습니다.

└→ (외항의 곱)=(내항의 곱)

3×8

$3:4=\square:8$ ➡ $3\times8=4\times\square$ (외항의 곱, 내항의 곱)

$4\times\square$ ➡ $\square=6$

• 비의 성질을 이용하여 모르는 수를 구할 수 있어요.

$3:4=\square:8$ (×2, ×2) ➡ $\square=3\times2=6$

가장 먼저 전항과 후항에 어떤 수가 곱해졌는지 확인해요.

외항은 바깥쪽 두 항, 내항은 안쪽 두 항인 것, 기억하죠?

비례식에서 외항의 곱과 내항의 곱을 구하세요.

1

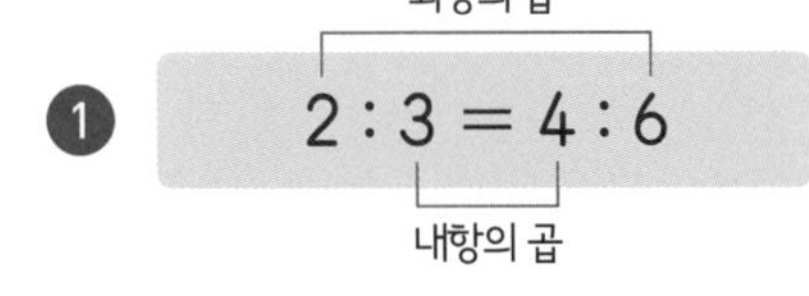

외항의 곱 ☐ × ☐ = ☐

내항의 곱 ☐ × ☐ = ☐

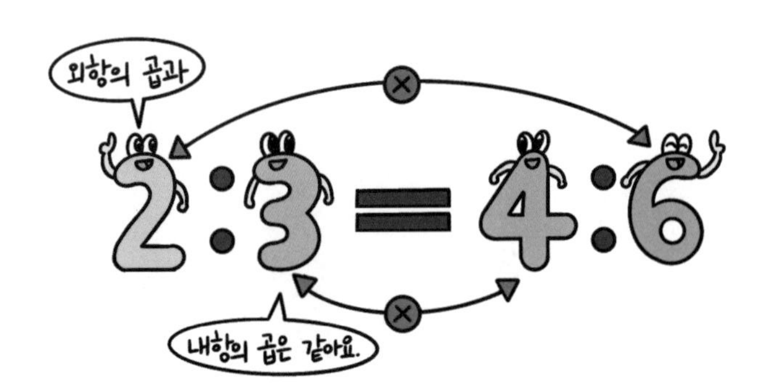

2 $16 : 10 = 8 : 5$

외항의 곱 ______

내항의 곱 ______

3 $36 : 16 = 9 : 4$

외항의 곱 ______

내항의 곱 ______

4 $6.4 : 3.2 = 10 : 5$

외항의 곱 ______

내항의 곱 ______

5 $\frac{2}{5} : \frac{1}{3} = 30 : 25$

외항의 곱 ______

내항의 곱 ______

외항의 곱과 내항의 곱이 같다는 성질을 이용하여 모르는 수를 구해 보세요.

비례식의 성질을 이용하여 ★에 알맞은 수를 구하세요.

❶

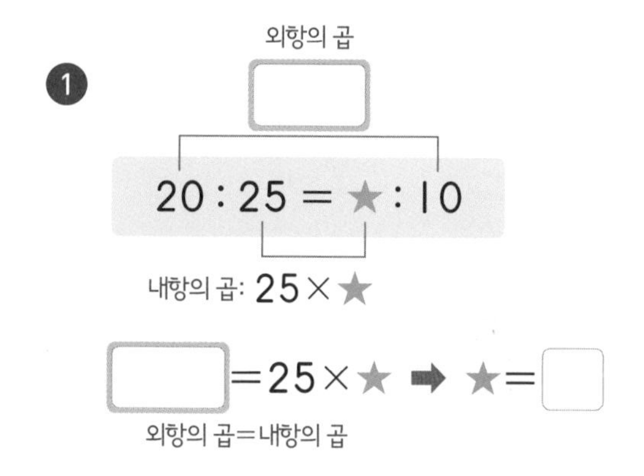

❷

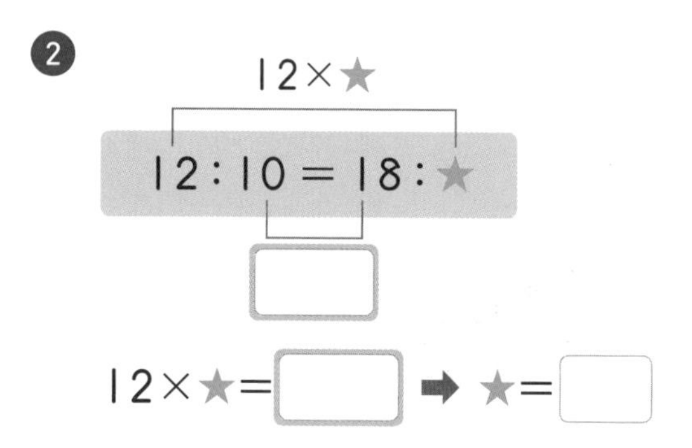

❸

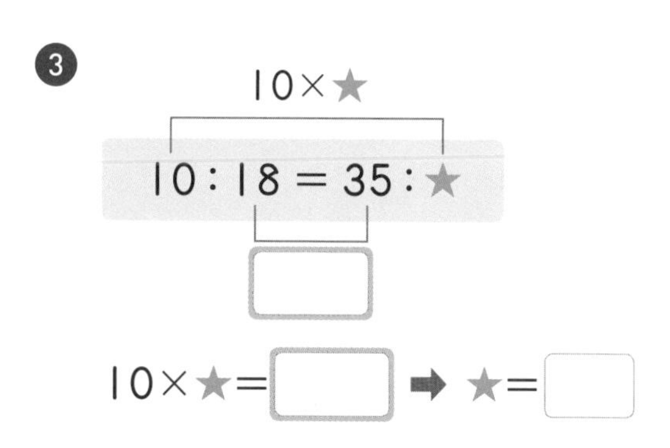

❹

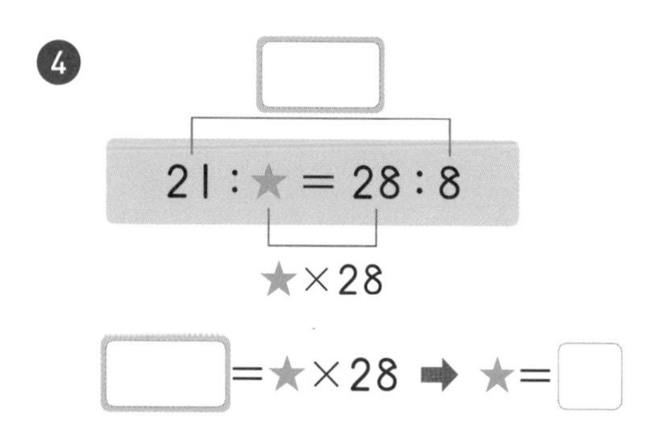

❺

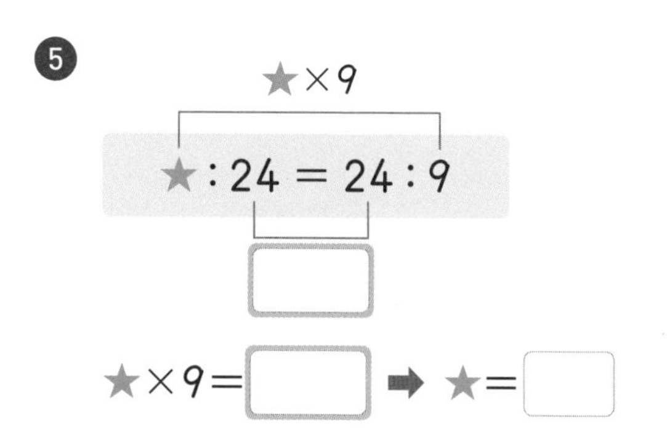

❻

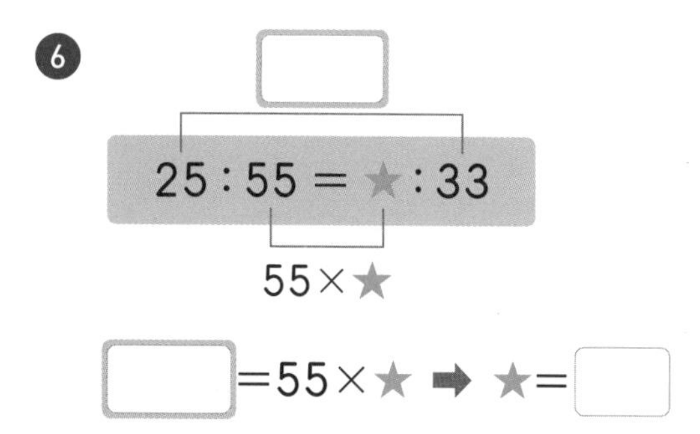

비의 성질 또는 비례식의 성질을 이용하여 ★에 알맞은 수를 구해 보세요.

★에 알맞은 수를 구하세요.

❶ ★ : 6 = 45 : 54

(⊗ 외항, ⊗ 내항)

➡ ★ = ☐

❷ 12 : 32 = ★ : 8

(÷4, ÷4)

➡ ★ = ☐

❸ 12 : 21 = 24 : ★

➡ ★ = ☐

❹ 20 : ★ = 40 : 12

➡ ★ = ☐

❺ 12 : 54 = ★ : 18

➡ ★ = ☐

❻ 55 : 30 = 110 : ★

➡ ★ = ☐

❼ 16 : ★ = 64 : 40

➡ ★ = ☐

❽ ★ : 63 = 18 : 21

➡ ★ = ☐

분수 또는 소수가 포함된 비례식에서는
비의 성질보다 비례식의 성질을 이용하는 것이 더 쉬워요.

□ 안에 알맞은 수를 써넣으세요.

❶ $8:7=\square:21$

❷ $\square:4=21:14$

❸ $5:25=\square:15$

❹ $16:36=8:\square$

❺ $\square:18=\frac{1}{6}:\frac{3}{10}$

❻ $15:\square=2.4:3.2$

❼ $4.8:\frac{4}{5}=30:\square$

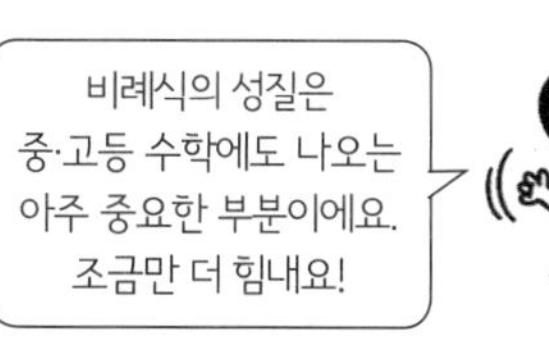

도전! 땅 짚고 헤엄치는 문장제

쉬운 문장제로 연산의 기본 개념을 익혀 봐요!

다음 문장을 읽고 문제를 풀어 보세요.

❶ 외항의 곱과 내항의 곱을 각각 구하세요.

20 : 12 = 25 : 18

________, ________

외항의 곱과 내항의 곱이 같지 않으면 비례식이 아니에요.

❷ 초코우유를 만들려면 초코가루 15 g에 우유 200 mL가 필요합니다. 초코가루가 21 g 있다면 우유는 몇 mL가 필요합니까?

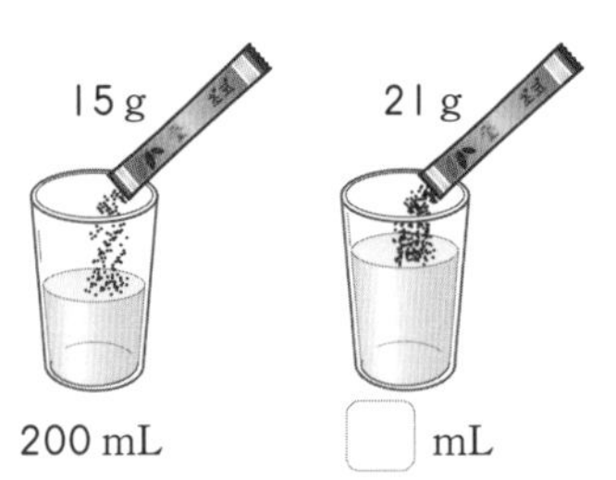

15 : 200 = 21 : ☐

____

❸ 수 카드 중에서 4장을 골라 비례식을 만들어 보세요.

2	3	4	5	6	7

____

먼저 곱이 같은 두 장의 수 카드를 짝지어 보세요.

A×B=C×D

➡ A : C=D : B

활용 문제

18 회전수의 비는 톱니 수의 비의 전항, 후항을 바꿔

✪ 톱니 수의 비와 회전수의 비의 관계

톱니 수의 비의 전항과 후항의 자리를 서로 바꾸면 회전수의 비입니다.

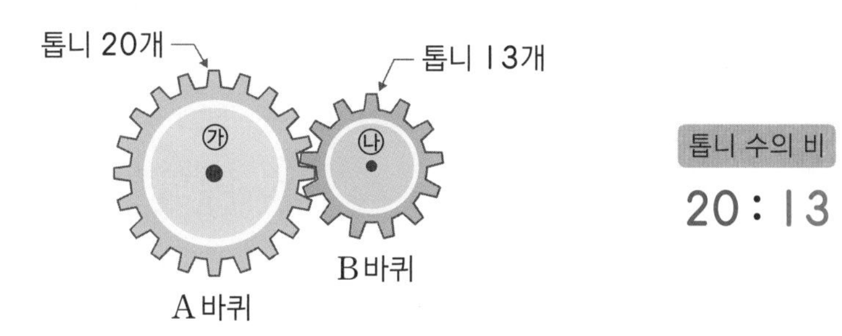

톱니 수의 비

20 : 13

회전수의 비

㉮의 맞물린 톱니 수 ㉯의 맞물린 톱니 수

$20 \times A = 13 \times B$ ⟶ $A : B = 13 : 20$

맞물린 톱니 수는
톱니바퀴의 톱니 수와
회전수의 곱!

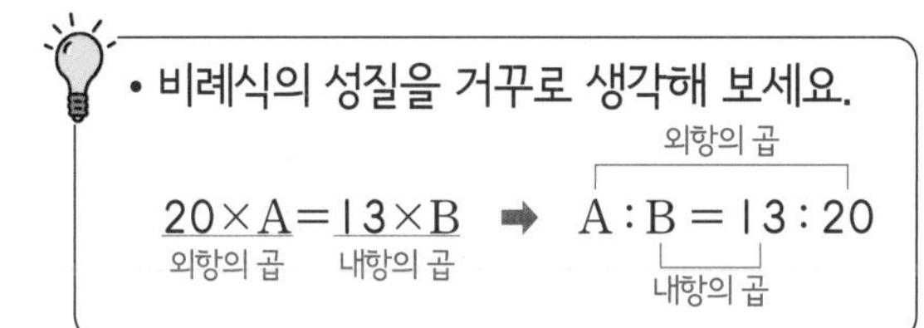

• 비례식의 성질을 거꾸로 생각해 보세요.

$\underset{\text{외항의 곱}}{20 \times A} = \underset{\text{내항의 곱}}{13 \times B}$ ➡ $A : B = 13 : 20$ (외항의 곱, 내항의 곱)

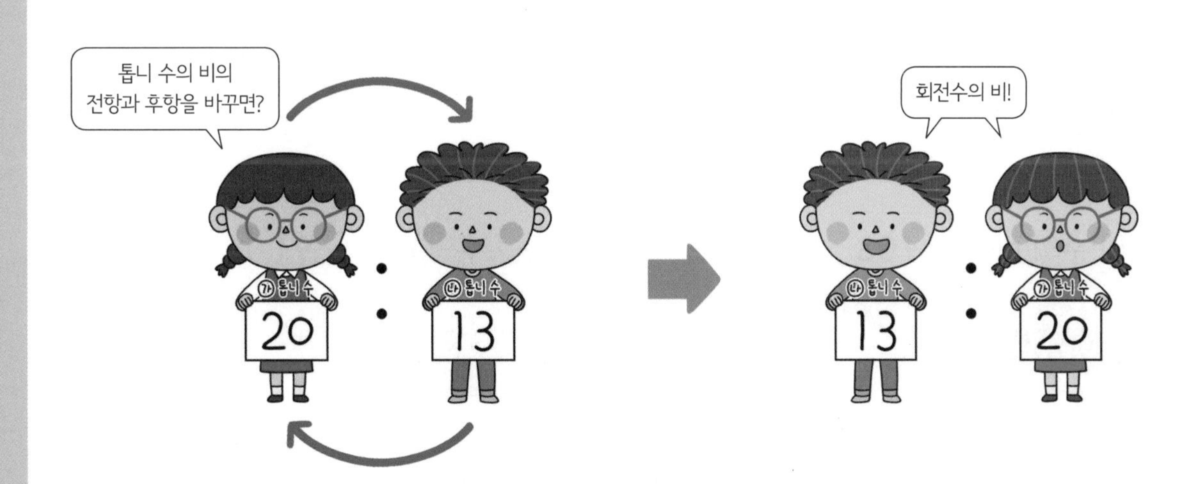

맞물려 돌아가는 두 톱니바퀴의 톱니 수의 비를 보고 회전수의 비를 간단한 자연수의 비로 나타내세요.

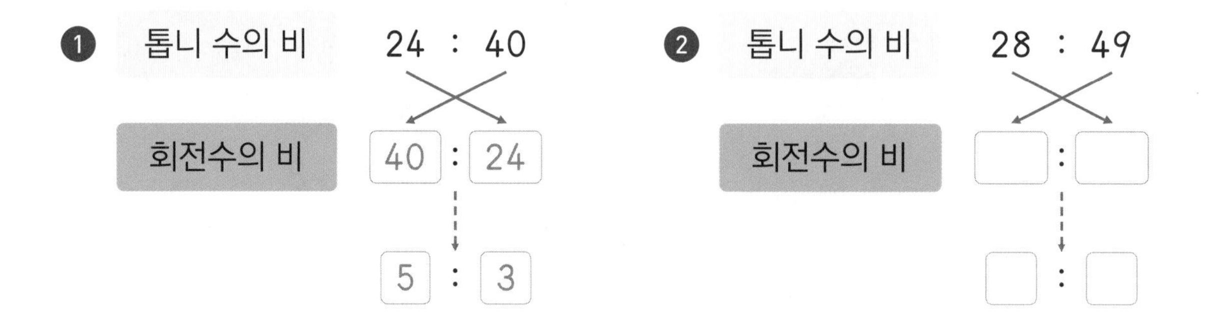

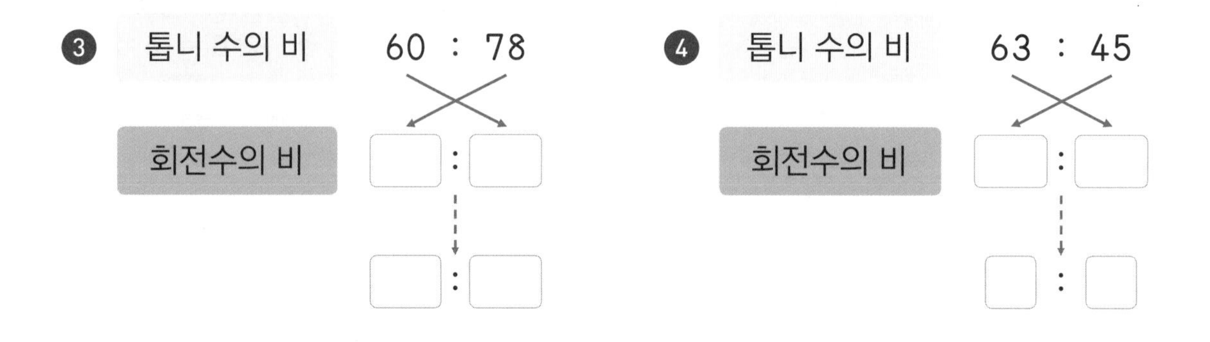

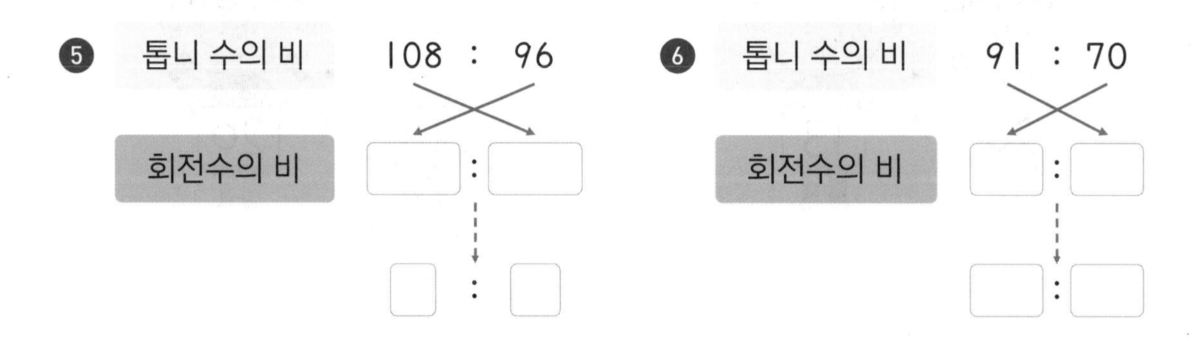

톱니 수의 비로 회전수의 비를 구한 다음 비례식으로 나타내세요.

맞물려 돌아가는 두 톱니바퀴 ㉮, ㉯에서 회전수의 비를 비례식으로 나타내세요.

❶

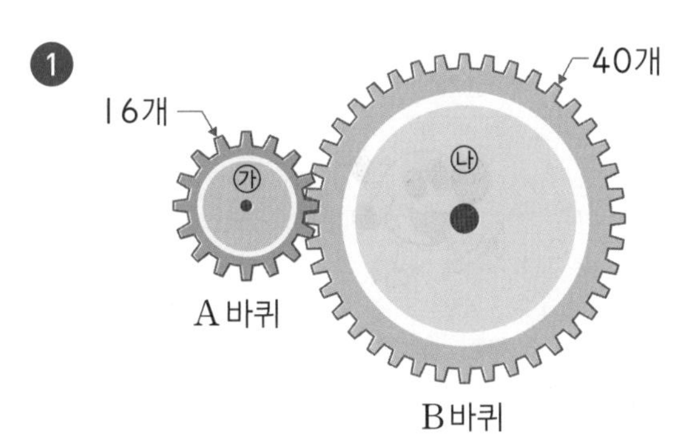

➡ A : B = 5 : 2

간단한 자연수의 비로 나타내세요.

❷

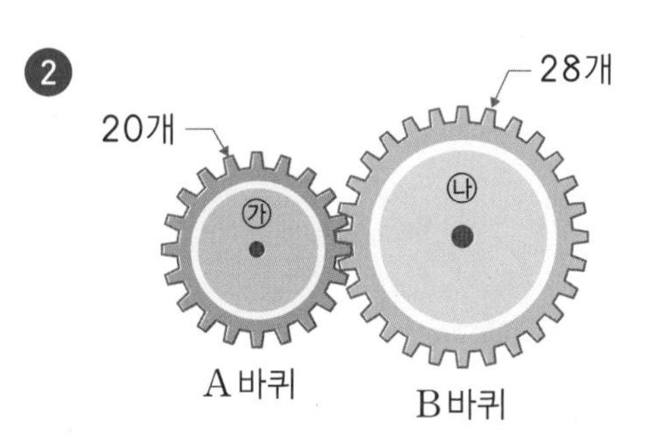

➡ A : B = ☐ : ☐

❸

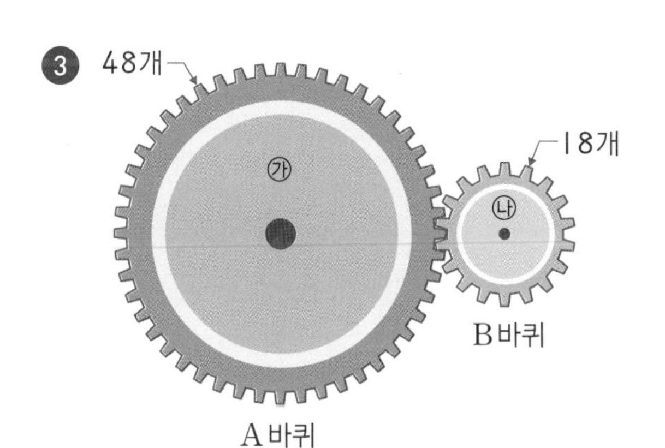

➡ A : B = ☐ : ☐

❹

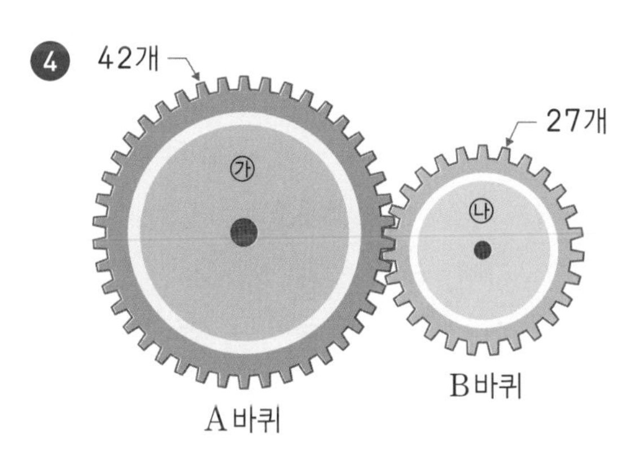

➡ A : B = ☐ : ☐

❺

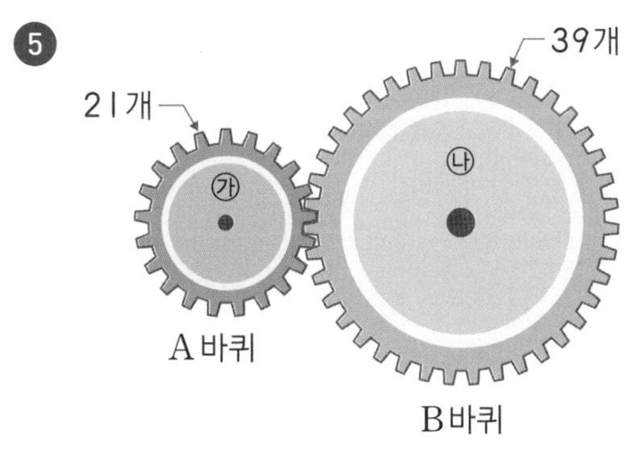

➡ A : B = ☐ : ☐

❻

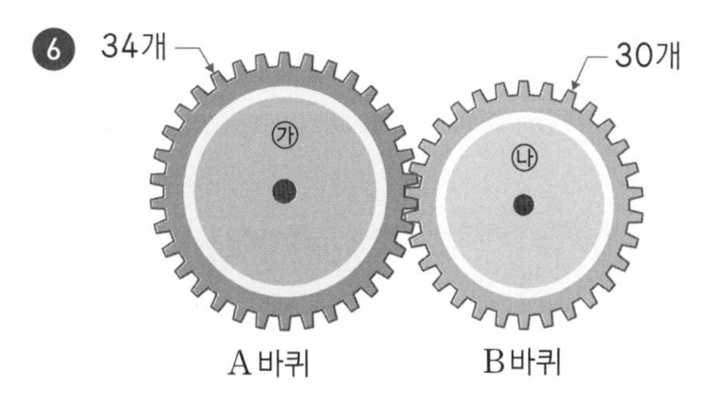

➡ A : B = ☐ : ☐

만들 수 있는 2개의 회전수의 비를 비례식으로 나타낸 다음 비례식의 성질을 이용하여 ㉯ 톱니바퀴의 회전수를 구하세요.
(외항의 곱)=(내항의 곱)

맞물려 돌아가는 두 톱니바퀴 ㉮, ㉯에서 ㉮ 톱니바퀴가 다음과 같이 회전할 때 ㉯ 톱니바퀴의 회전수를 구하세요.

❶

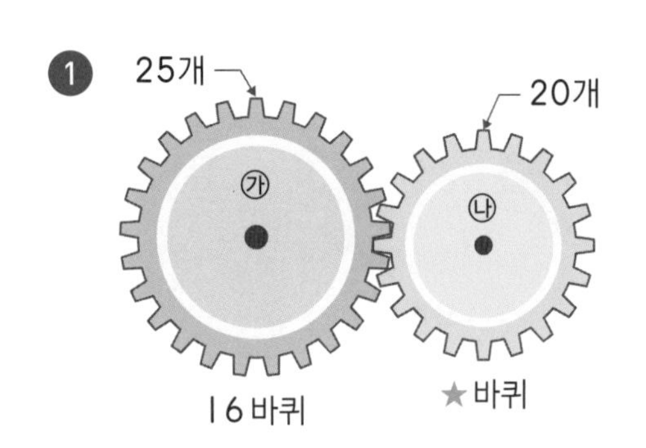

16 : ★ = 4 : 5

16 × □ = ★ × □ ➡ ★ = □

외항의 곱　내항의 곱

❷

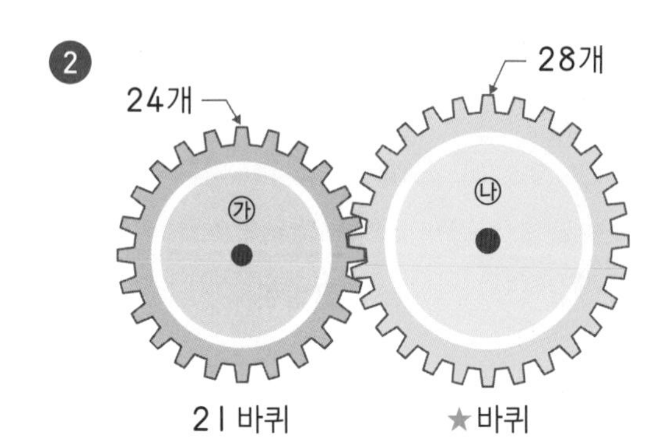

21 : ★ = □ : □

21 × □ = ★ × □ ➡ ★ = □

❸

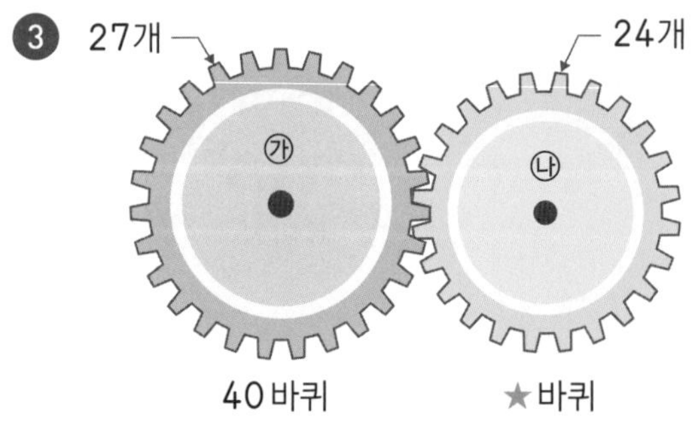

40 : ★ = □ : □

40 × □ = ★ × □ ➡ ★ = □

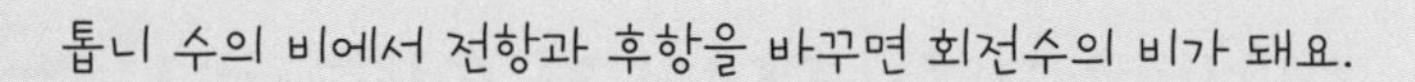

맞물려 돌아가는 톱니바퀴 ㉮, ㉯가 있습니다. □ 안에 알맞은 수를 써넣으세요.

1

㉮의 톱니 수: 15개
㉯의 톱니 수: 6개

(㉮의 톱니 수) : (㉯의 톱니 수) = (㉯의 회전수) : (㉮의 회전수)

15 : 6 = □ : 10

톱니 수의 비와 회전수의 비를 비례식으로 나타내 봐요.

➡ ㉮가 10바퀴 도는 동안 ㉯는 □바퀴 돕니다.

2

㉮의 톱니 수: 21개
㉯의 톱니 수: 9개

➡ ㉮가 □바퀴 도는 동안 ㉯는 49바퀴 돕니다.

3

㉮의 회전수: 35바퀴
㉯의 회전수: 40바퀴

회전수의 비와 톱니 수의 비의 순서가 서로 바뀌어도 똑같아요.

(㉮의 회전수) : (㉯의 회전수) = (㉯의 톱니 수) : (㉮의 톱니 수)

35 : 40 = □ : 56

➡ ㉮의 톱니가 56개이면 ㉯의 톱니는 □개입니다.

4

㉮의 회전수: 108바퀴
㉯의 회전수: 48바퀴

➡ ㉮의 톱니가 □개이면 ㉯의 톱니는 63개입니다.

전체를 주어진 비가 되도록 나눌 수 있어

✪ 두 양을 전체의 분수만큼으로 나타내기

전체를 1로 생각하고, 전체를 전항과 후항의 합 만큼으로 나눈 도형에서 두 양을 전체의 분수만큼으로 나타낼 수 있습니다.

• 칸 수의 비가 3 : 1일 때 각 칸 수는 전체의 몇 분의 몇인지 알아보기

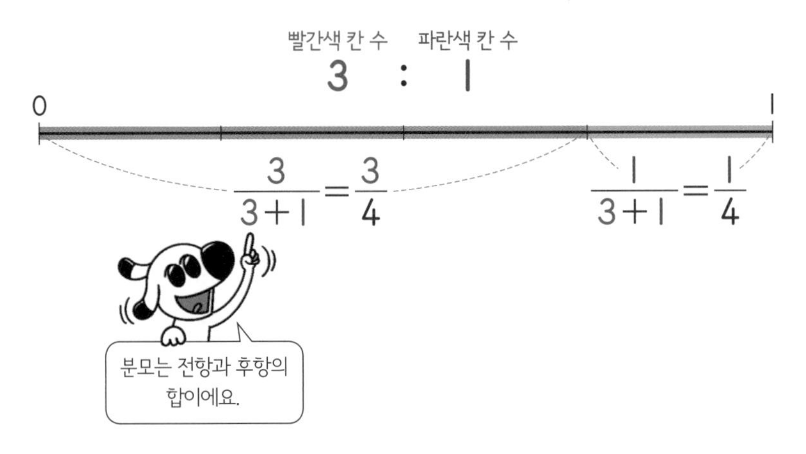

✪ 비례배분

전체를 주어진 비가 되도록 나누는 것을 비례배분 이라 합니다.

• 8칸을 3 : 1이 되도록 나누면 각각 몇 칸인지 알아보기

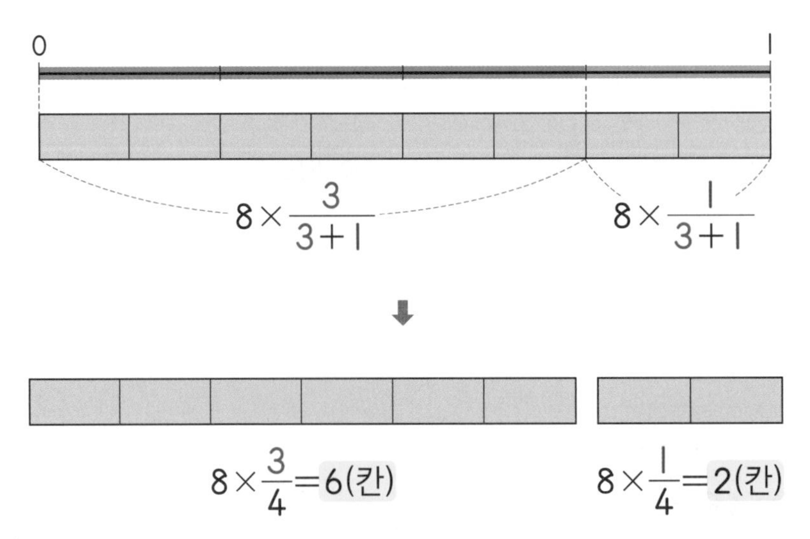

전체를 1로 생각할 때 분모는 전항과 후항의 합이에요.

선분 AB와 선분 BC의 비가 다음과 같을 때 두 선분의 길이가 각각 전체의 몇 분의 몇인지 쓰세요.

❶ 3 : 4

선분 AB : 선분 BC

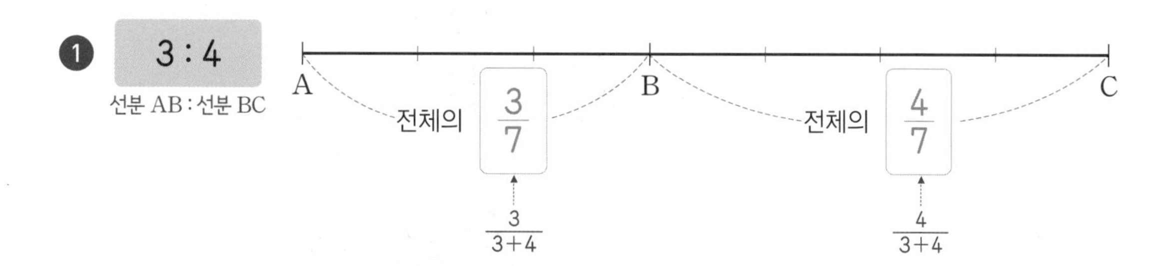

❷ 9 : 2

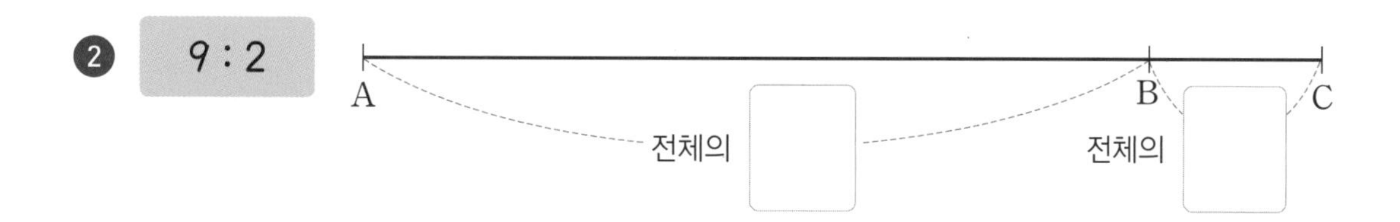

❸ 7 : 3

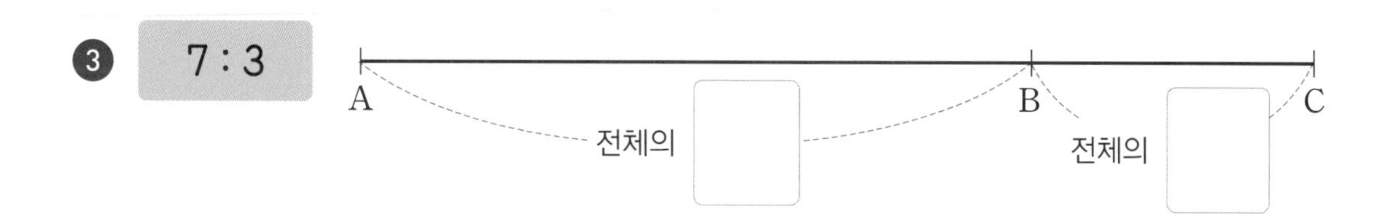

❹ 5 : 8

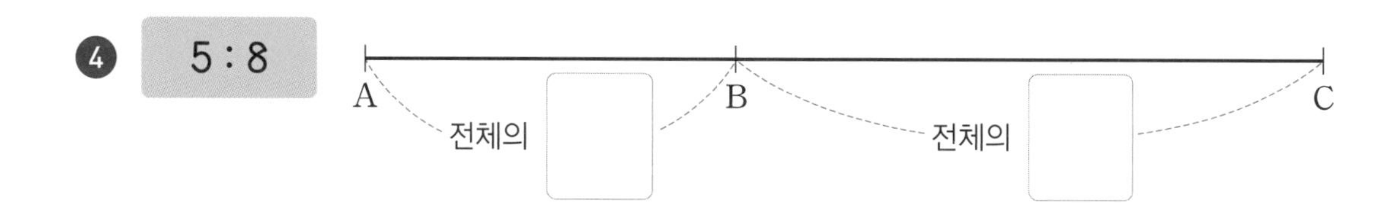

❺ 5 : 7

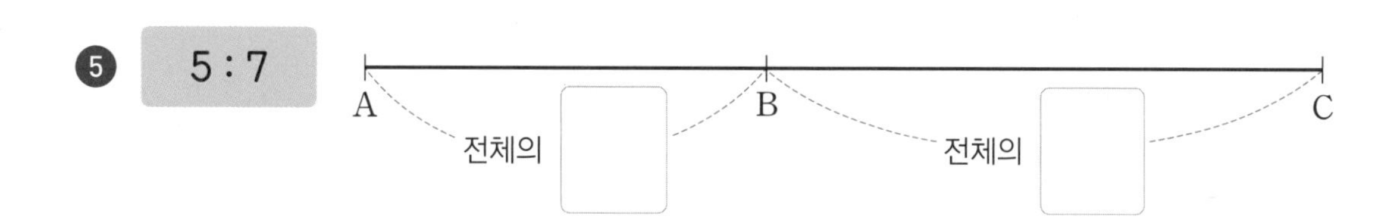

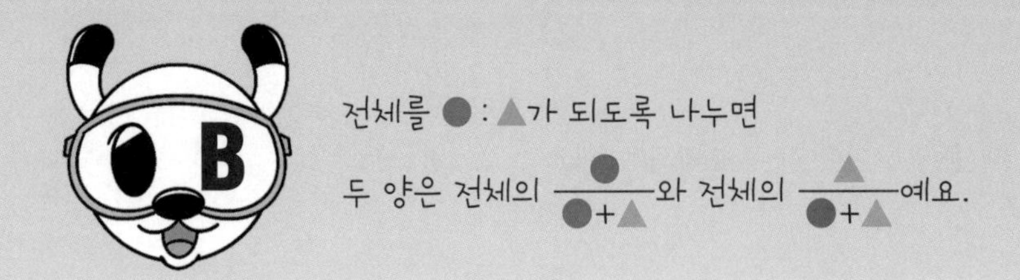

전체를 주어진 비가 되도록 나눌 때 두 양이 전체의 몇 분의 몇인지 쓰세요.

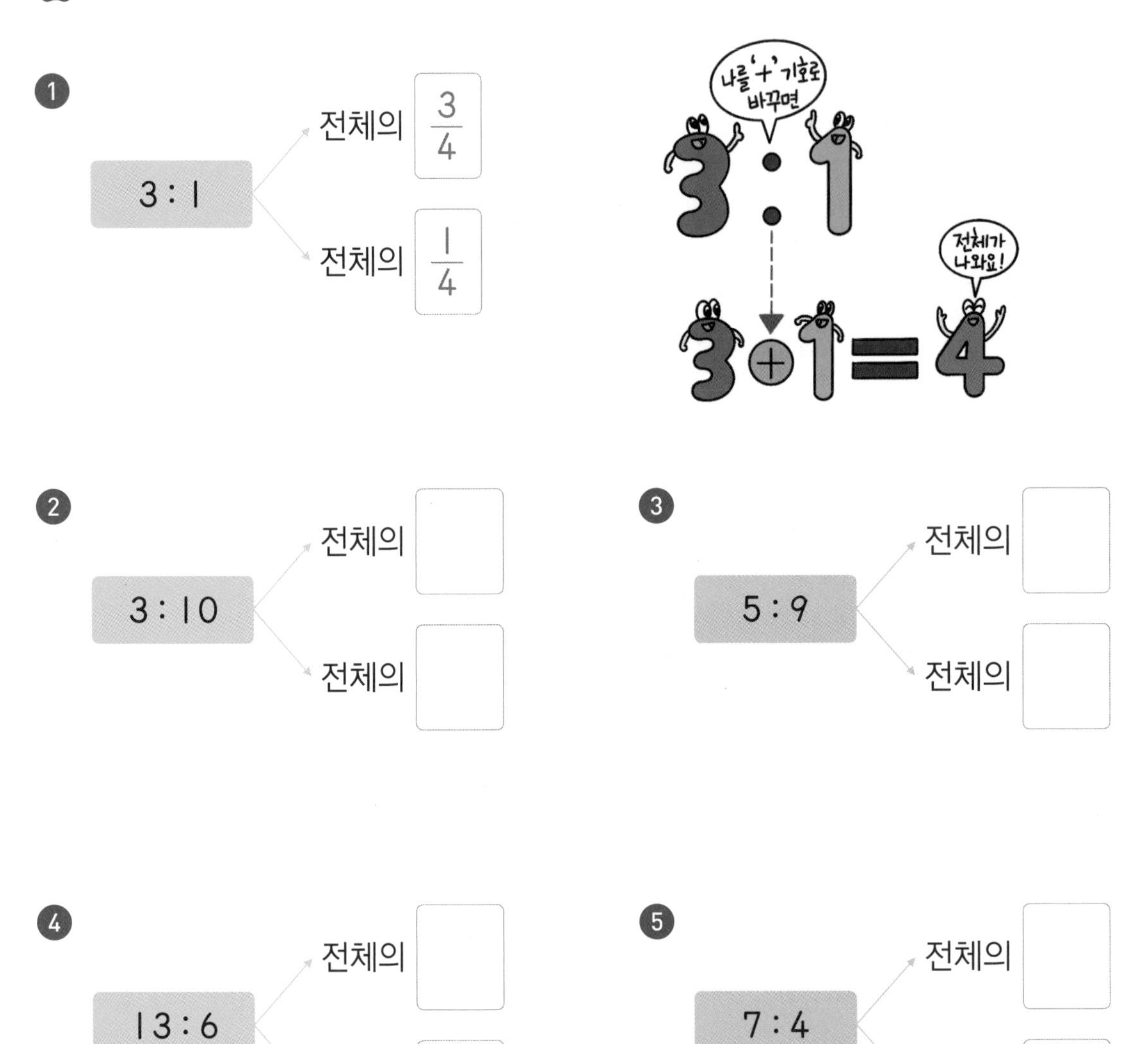

❶ 3 : 1 → 전체의 $\frac{3}{4}$, 전체의 $\frac{1}{4}$

❷ 3 : 10 → 전체의 ☐, 전체의 ☐

❸ 5 : 9 → 전체의 ☐, 전체의 ☐

❹ 13 : 6 → 전체의 ☐, 전체의 ☐

❺ 7 : 4 → 전체의 ☐, 전체의 ☐

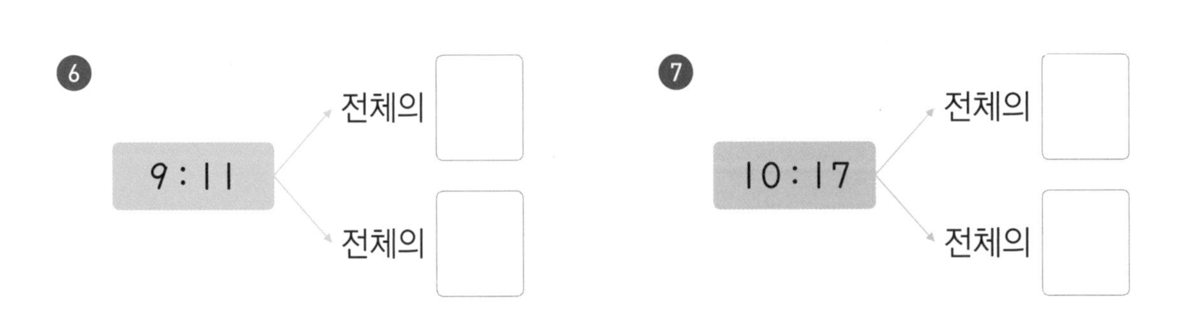

❻ 9 : 11 → 전체의 ☐, 전체의 ☐

❼ 10 : 17 → 전체의 ☐, 전체의 ☐

전체를 ●:▲가 되도록 나누면
두 양은 (전체)×$\frac{●}{●+▲}$와 (전체)×$\frac{▲}{●+▲}$예요.

주어진 비로 비례배분하여 나타내세요.

$14\times\frac{3}{7}=$ ☐

$14\times\frac{4}{7}=$ ☐

❷ 45 | 2 : 3

45× ☐ = ☐

45× ☐ = ☐

❸ 52 | 4 : 9

52× ☐ = ☐

52× ☐ = ☐

❹ 33 | 6 : 5

33× ☐ = ☐

33× ☐ = ☐

❺ 48 | 5 : 1

48× ☐ = ☐

48× ☐ = ☐

❻ 35 | 2 : 5

35× ☐ = ☐

35× ☐ = ☐

전체의 얼마만큼인지 구해서 전체와 곱하는 것! 기억하죠?

주어진 비로 비례배분하여 나타내세요.

❶ | 36 | 2 : 7 |

(,)

❷ | 40 | 3 : 5 |

(,)

❸ | 32 | 3 : 1 |

(,)

❹ | 26 | 6 : 7 |

(,)

❺ | 54 | 5 : 4 |

(,)

❻ | 60 | 9 : 11 |

(,)

❼ | 84 | 7 : 5 |

(,)

❽ | 88 | 8 : 3 |

(,)

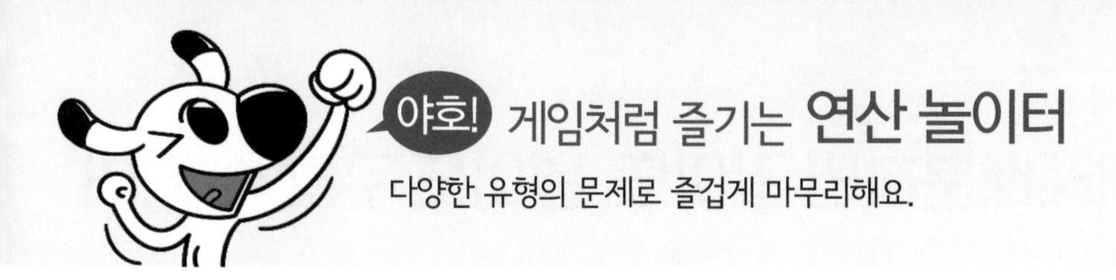

3 : 2로 비례배분한 것을 모두 찾아 ◯표 하세요.

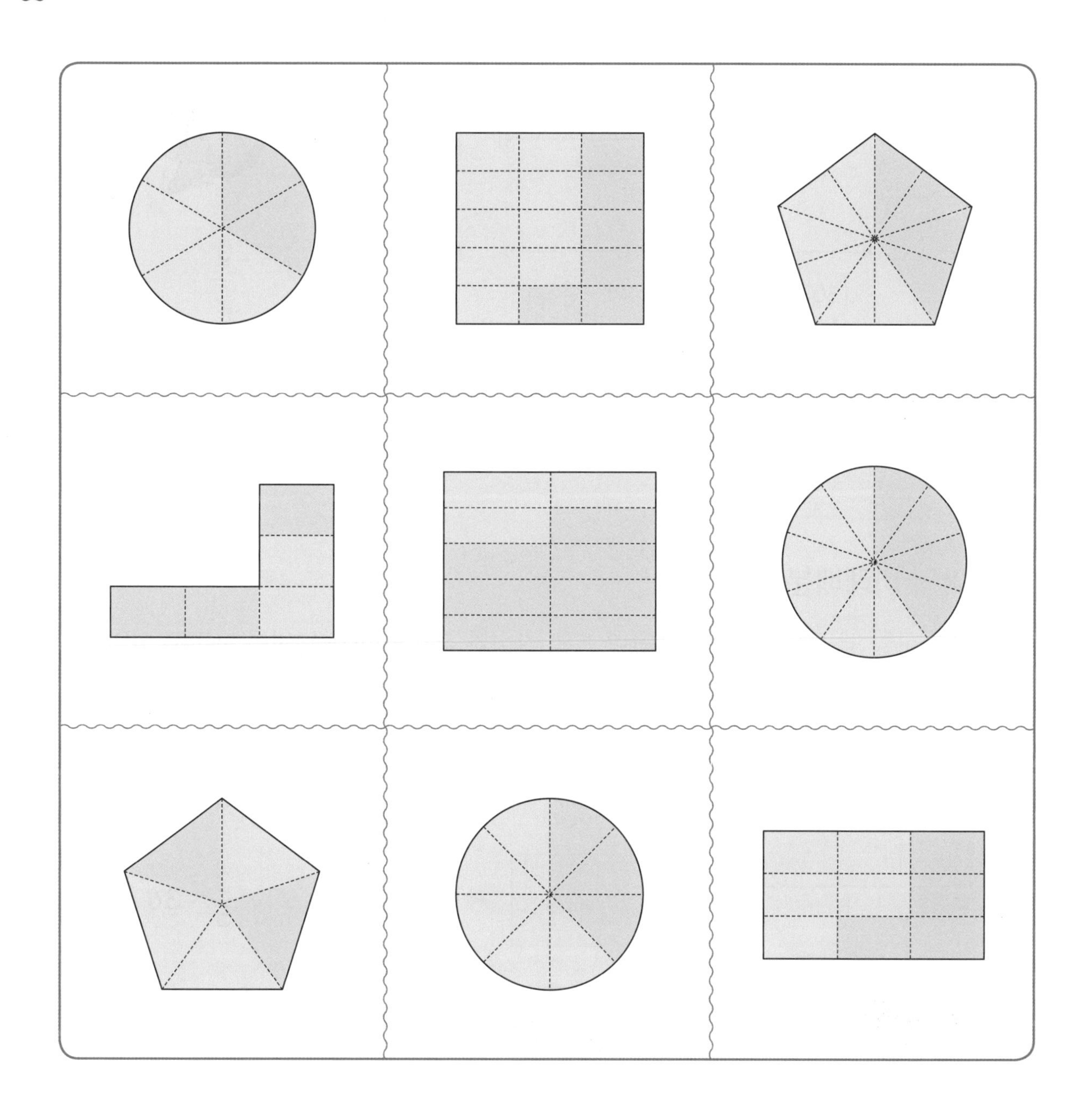

비례배분하면 길이도, 넓이도 구할 수 있어

✪ 길이의 비례배분

전체 길이를 주어진 비로 나누어 두 선분의 길이를 구할 수 있습니다.

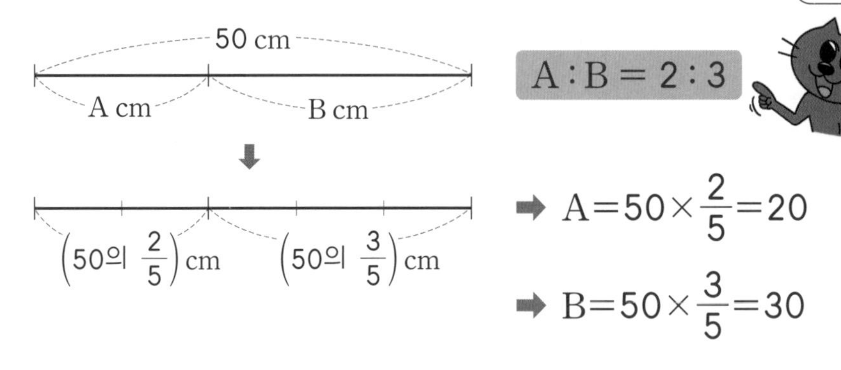

➡ $A=50\times\frac{2}{5}=20$

➡ $B=50\times\frac{3}{5}=30$

✪ 넓이의 비례배분

넓이를 구할 때 사용되는 두 변 중 한 변의 길이가 같으면 전체 넓이를 나머지 변의 길이 의 비로 비례배분하여 두 도형의 넓이를 구할 수 있습니다.

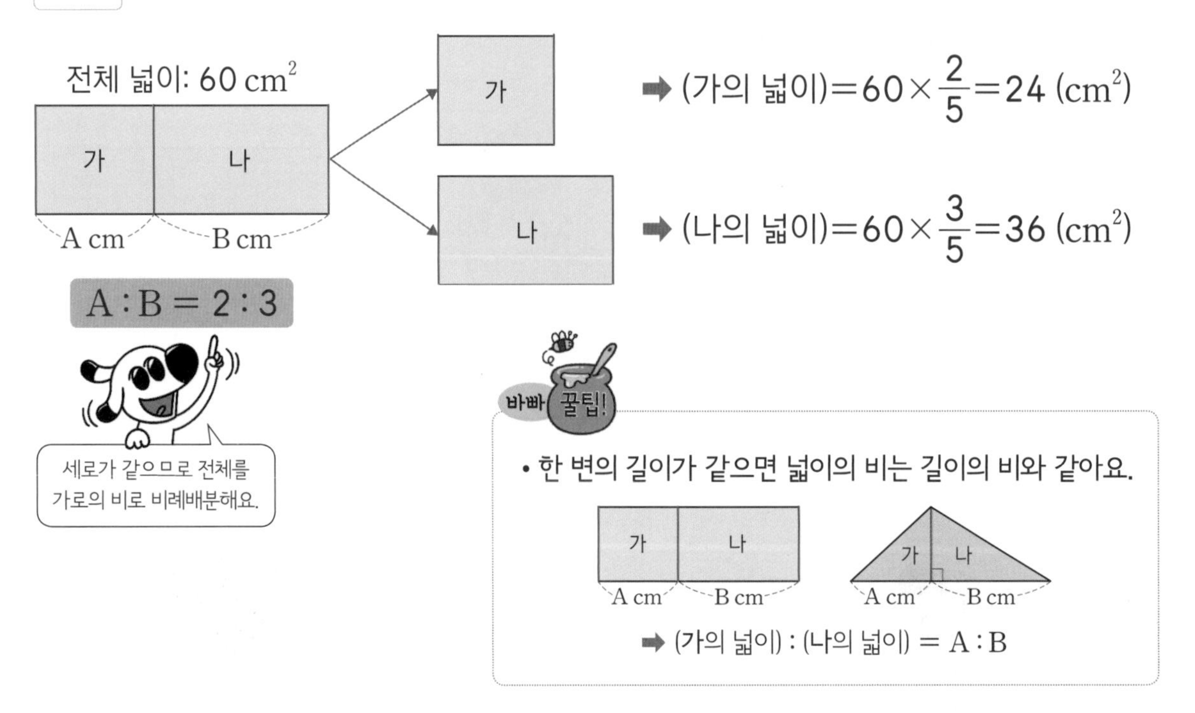

➡ (가의 넓이)$=60\times\frac{2}{5}=24$ (cm^2)

➡ (나의 넓이)$=60\times\frac{3}{5}=36$ (cm^2)

먼저 전체 길이를 두 항의 합으로 나누었을 때
두 선분의 길이는 전체의 몇 분의 몇인지 알아보세요.

선분 AB와 선분 BC의 길이의 비가 다음과 같을 때 두 선분의 길이를 구하세요.

❶ 3 : 5
선분 AB : 선분 BC

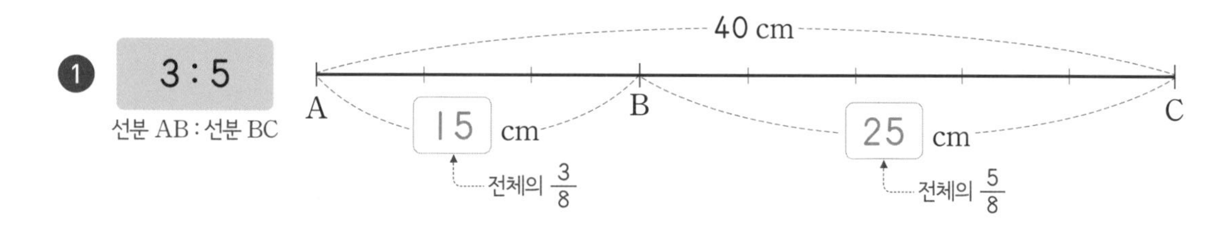

❷ 7 : 4

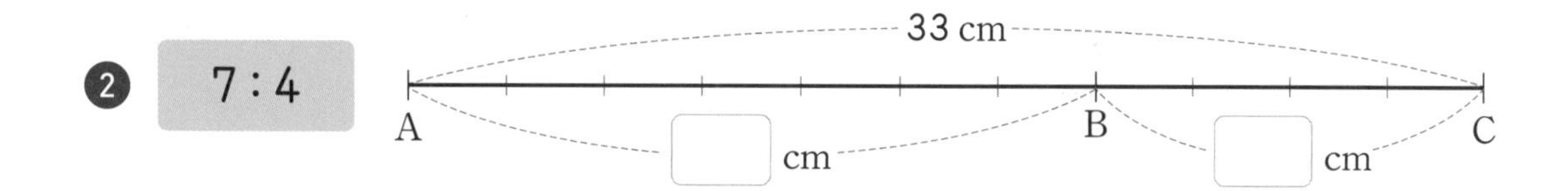

❸ 4 : 5

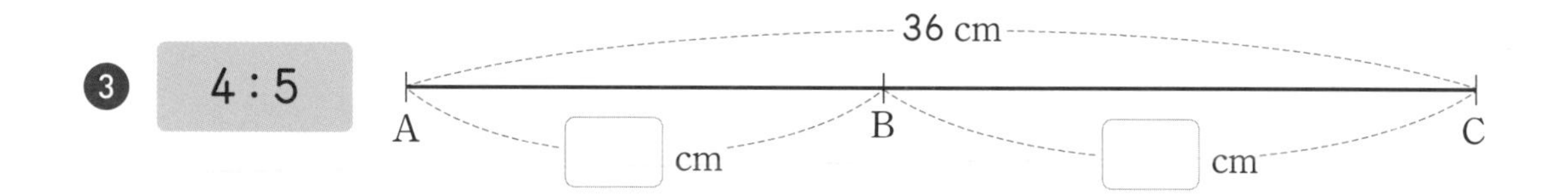

❹ 5 : 2

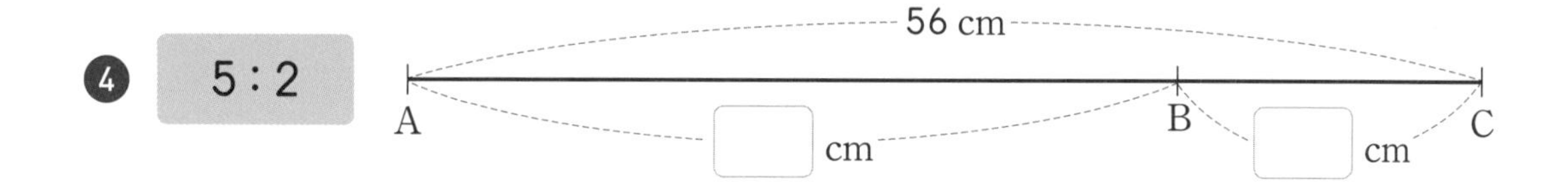

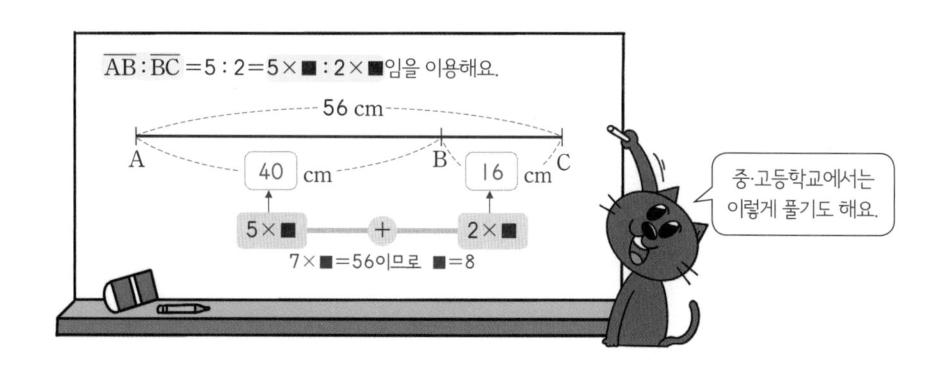

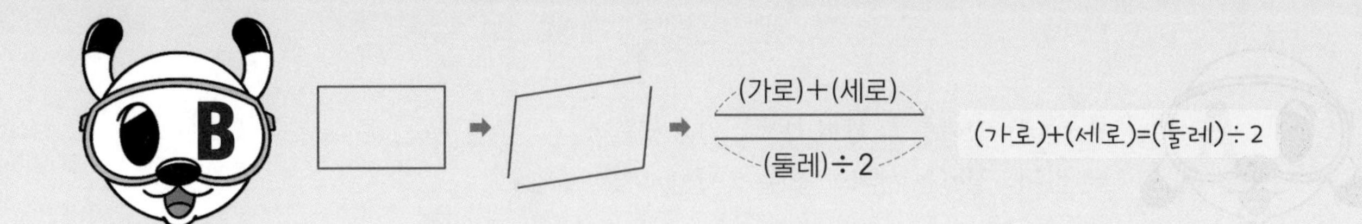

직사각형의 둘레가 다음과 같을 때 가로와 세로를 주어진 비로 비례배분하세요.

❶ 둘레: 56 cm

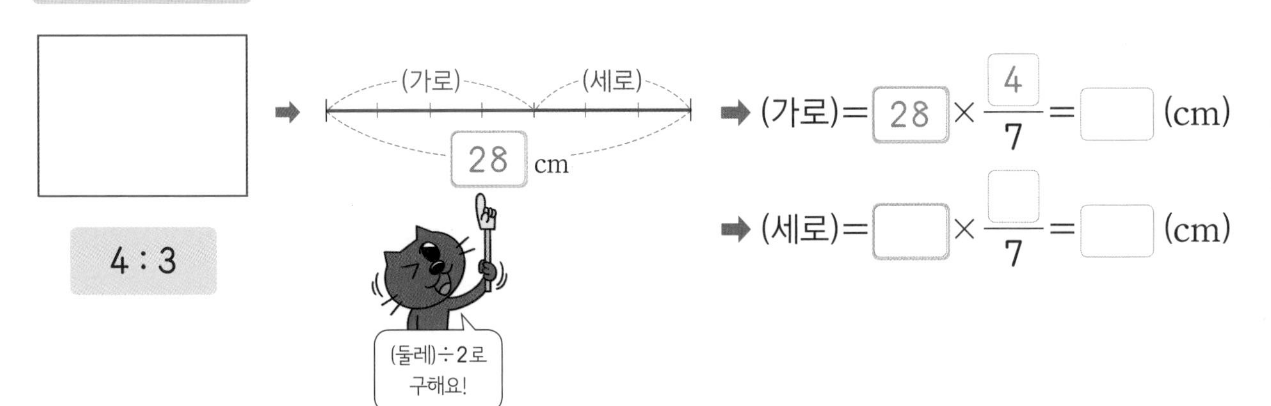

❷ 둘레: 90 cm

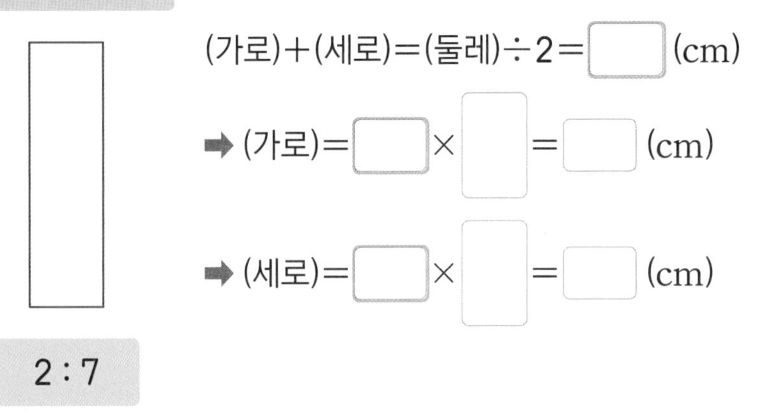

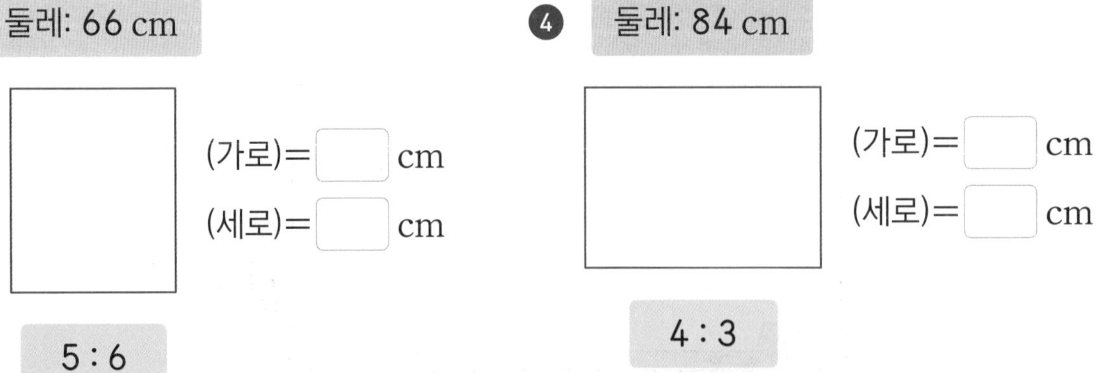

넓이를 구할 때 사용되는 두 변 중 한 변의 길이가 같으면
나머지 변의 길이의 비와 넓이의 비가 같아요.

두 도형 가와 나의 넓이의 비를 비례식으로 나타내세요.

❶
가 나
7 cm 3 cm

(가의 넓이) : (나의 넓이)

= 7 : 3

❷
가 나
5 cm 12 cm

(가의 넓이) : (나의 넓이)

= ☐ : ☐

❸
가 나
12 cm 20 cm

(가의 넓이) : (나의 넓이)

= ☐ : ☐

간단한 자연수의 비로 나타내세요.

❹
가 8 cm
나 16 cm

(가의 넓이) : (나의 넓이)

= ☐ : ☐

❺
가 나
30 cm 25 cm

(가의 넓이) : (나의 넓이)

= ☐ : ☐

❻
가 나
10 cm 6 cm

(가의 넓이) : (나의 넓이)

= ☐ : ☐

주어진 길이로 넓이의 비를 구하여 전체 넓이를 비례배분해 보세요.

전체 넓이가 다음과 같을 때 가와 나의 넓이를 구하세요.

❶ 전체 넓이: 250 cm^2

가 나
10 cm 15 cm

(가의 넓이) : (나의 넓이) = 2 : 3

➡ (가의 넓이)= 250 × $\frac{2}{5}$ = ☐ (cm^2)

➡ (나의 넓이)= ☐ × ☐ = ☐ (cm^2)

❷ 전체 넓이: 180 cm^2

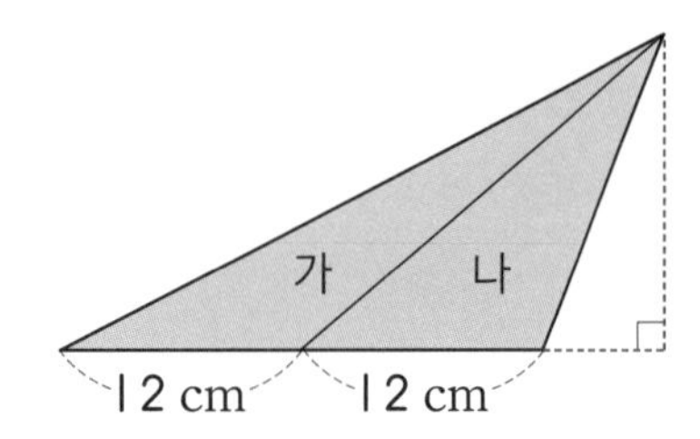

(가의 넓이) : (나의 넓이) = ☐ : ☐

➡ (가의 넓이)= ☐ × ☐ = ☐ (cm^2)

➡ (나의 넓이)= ☐ × ☐ = ☐ (cm^2)

❸ 전체 넓이: 324 cm^2

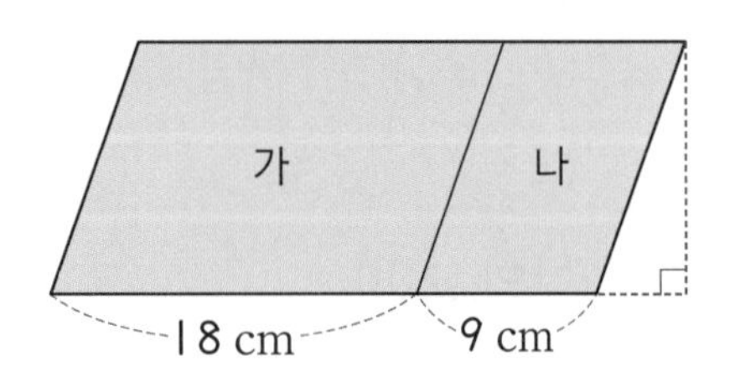

(가의 넓이) : (나의 넓이) = ☐ : ☐

➡ (가의 넓이)= ☐ × ☐ = ☐ (cm^2)

➡ (나의 넓이)= ☐ × ☐ = ☐ (cm^2)

다섯째 마당

정비례와 반비례

정비례는 한쪽이 커지면 다른 한쪽도 같은 비로 커지고, 한쪽이 작아지면 다른 한쪽도 같은 비로 작아지는 것을 말해요. 반면, 반비례는 한쪽이 커질 때 다른 한쪽은 그와 같은 비로 작아지는 관계를 말합니다.
정비례와 반비례를 알아보고 관계식을 세우는 연습도 해 봐요.

공부할 내용!	완료	10일 진도	20일 진도
21 x가 2배 될 때 y도 2배 되면 정비례!	☐	10일차	18일차
22 x가 2배 될 때 y가 $\frac{1}{2}$배 되면 반비례!	☐		19일차
23 몫이 일정하면 정비례, 곱이 일정하면 반비례!	☐		20일차

x가 2배 될 때 y도 2배 되면 정비례!

정비례

여러 가지 기호(x, y, a)의 사용에도 익숙해져 봐요.

두 양 x, y에서 x가 2배, 3배, 4배……가 될 때 y도 2배, 3배, 4배……가 되면 y는 x에 정비례 한다고 합니다.

자동차 수 x(대)	1	2	3	……
바퀴 수 y(개)	4	8	12	……

(2배, 3배)

➡ y는 x에 정비례
(바퀴 수, 자동차 수)

정비례 관계식

y가 x에 정비례할 때 x와 y 사이의 관계식은 $y=a\times x$로 나타냅니다.
↳ 일정한 수로 변하지 않아요.

자동차 수 x(대)	1	2	3	……
바퀴 수 y(개)	4	8	12	……

(×4)

$y\div x=4\div 1=8\div 2=12\div 3=4$
정비례할 때 $y\div x$의 몫은 일정해요.

➡ y는 x의 4배
(바퀴 수, 자동차 수)

$y=$ 4 $\times x$

- 실생활에서 정비례를 찾아볼까요?

사람 수(x)와 사람 다리 수(y) ➡ $y=2\times x$
책상 수(x)와 책상 다리 수(y) ➡ $y=4\times x$
삼각형 수(x)와 삼각형 변의 수(y) ➡ $y=3\times x$

y가 x에 정비례하면
x가 2배, 3배, 4배……가 될 때 y도 2배, 3배, 4배……가 돼요.

y가 x에 정비례할 때 다음 표를 완성하세요.

❶

x	1	2	3	4	5	6
y	5	10	15			

(2배, 3배)

❷

x	1	2	3	4	5	6
y	3	6	9			

(2배, 3배)

❸

x	1	2	3	4	5	6
y	6					

❹

x	1	2	3	4	5	6
y	8					

❺

x	1	2	3	4	5	6
y	12					

정비례 관계식은 $y=a\times x$꼴로 나타내요.
y가 x의 몇 배인지를 알면 a의 값을 구할 수 있어요.

🐾 y가 x에 정비례할 때 표를 완성하고, x와 y 사이의 관계식을 쓰세요.

❶

x	1	2	3
y	4		

4배

➡ $y=$ [4] $\times x$

y는 항상 x의 4배예요.

❷

x	1	2	3
y	7		

➡ $y=$ [ ] $\times x$

[ ] 안에는 $y\div x$의 몫이 들어가요.

❸

x	1	2	3
y	10		

➡ $y=$ [ ] $\times x$

❹

x	1	2	3
y	11		

➡ $y=$ [ ] $\times x$

1부터가 아니어도 x가 2배, 3배 되면 y도 2배, 3배가 돼요.

❺

x	2	4	6
y	4		

➡ $y=$ [ ] $\times x$

$y\div x$의 몫이 항상 8임을 이용해도 돼요.

❻

x	3	6	9
y	24		

➡ $y=$ [ ] $\times x$

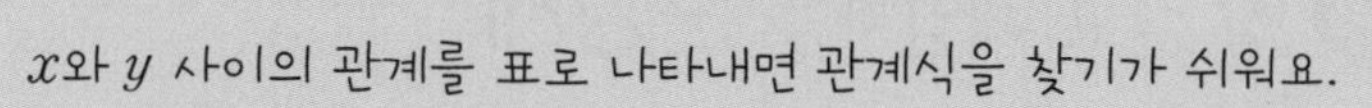

x와 y 사이의 관계식을 쓰세요.

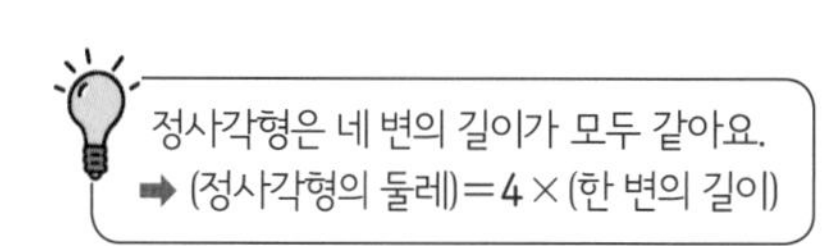

1 한 변의 길이가 x cm인 정사각형의 둘레 y cm

한 변의 길이 x (cm)	1	2	3
둘레 y (cm)			

➡ $y=\square\times x$

2 한 권에 700원인 공책을 x권 살 때 내야 할 돈 y원

공책 수 x(권)	1	2	3
내야 할 돈 y(원)			

➡ ______________

3 1 cm에 무게가 3 g인 철사 x cm의 무게 y g

철사의 길이 x (cm)	1	2	3
무게 y (g)			

➡ ______________

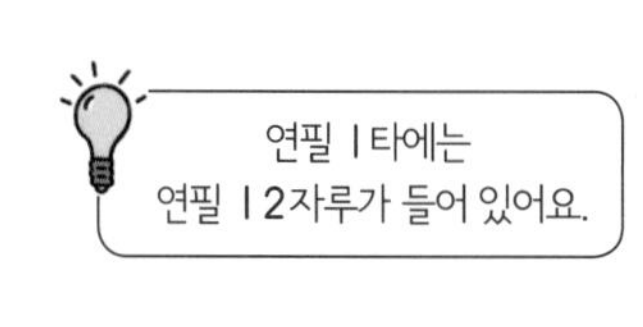

4 연필 x타에 들어 있는 연필 수 y자루

연필 타 수 x(타)	1	2	3
연필 수 y(자루)			

➡ ______________

도전! 땅 짚고 헤엄치는 문장제

쉬운 문장제로 연산의 기본 개념을 익혀 봐요!

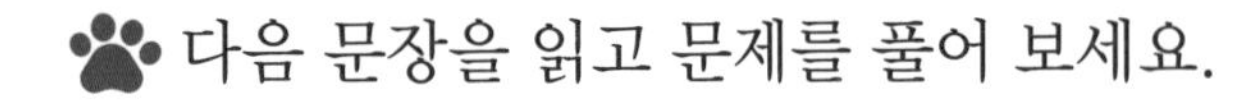

다음 문장을 읽고 문제를 풀어 보세요.

1 다음 중 정비례 관계식을 찾아 기호를 쓰세요.

㉠ $y=3+x$ ㉡ $y=3\times x$ ㉢ $y\times x=3$

____

2 두 양 x, y 사이의 관계식이 $y=13\times x$일 때 표를 완성하세요.

x	1	3	5	8	
y	13			104	130

• y가 130일 때 x의 값은?
130 ↓ $y=13\times x$ ↑ $130\div13$

3 지아는 하루에 책을 25쪽씩 읽었습니다. 책을 x일 동안 읽은 쪽수를 y쪽이라 할 때 x와 y 사이의 관계식을 쓰세요.

(x일 동안 읽은 쪽수)
=(하루에 읽은 쪽수)×(날수)

____

4 1시간에 40 km씩 달리는 자동차가 x시간 동안 달린 거리를 y km라 할 때 x와 y 사이의 관계식을 쓰고, 4시간 동안 달린 거리를 구하세요.

관계식을 세운 다음 $x=4$일 때 y의 값을 구해요.

________________, ________________

x가 2배 될 때 y가 $\frac{1}{2}$배 되면 반비례!

✪ 반비례

두 양 x, y에서 x가 2배, 3배, 4배……가 될 때 y가 $\frac{1}{2}$배, $\frac{1}{3}$배, $\frac{1}{4}$배……가 되면 y는 x에 반비례 한다고 합니다.

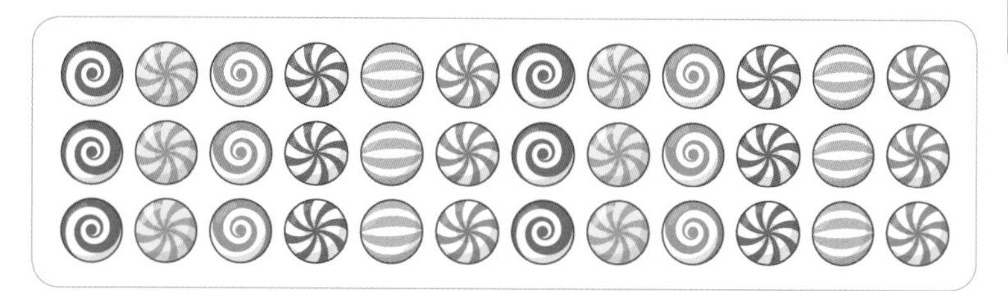

사람 수 x(명)	1	2	3	……
한 명이 갖는 사탕 수 y(개)	36	18	12	……

(x: 2배, 3배 → y: $\frac{1}{2}$배, $\frac{1}{3}$배)

➡ y는 x에 반비례 (y: 사탕 수, x: 사람 수)

✪ 반비례 관계식

y가 x에 반비례할 때 x와 y 사이의 관계식은 $y=\frac{a}{x}$로 나타냅니다. (a: 일정한 수)

사람 수 x(명)	1	2	3	……
한 명이 갖는 사탕 수 y(개)	36	18	12	……

$y\times x=36\times1=18\times2=12\times3=36$

반비례할 때 $y\times x$의 값은 일정해요.

(한 명이 갖는 사탕 수)×(사람 수)=36 ➡ $y\times x=36$

(y: 사탕 수, x: 사람 수)

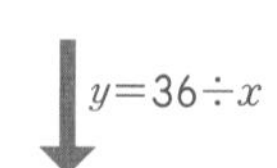

$y=\frac{36}{x}$

y가 x에 반비례하면

x가 2배, 3배, 4배……가 될 때 y는 $\frac{1}{2}$배, $\frac{1}{3}$배, $\frac{1}{4}$배……가 돼요.

🐾 y가 x에 반비례할 때 다음 표를 완성하세요.

$y \times x$의 값은 항상 20이에요.

❶

x	1	2	4	5	10	20
y	20	10	5			

(x: 2배, 4배 / y: $\frac{1}{2}$배, $\frac{1}{4}$배)

❷

x	1	2	5	6	15	30
y	30	15	6			

(x: 2배, 5배 / y: $\frac{1}{2}$배, $\frac{1}{5}$배)

❸

x	1	3	5	9	15	45
y	45					

❹

x	1	3	4	12	15	60
y	60					

❺

x	1	3	6	18	24	36
y	72					

반비례 관계식은 $y=\dfrac{a}{x}$ 꼴로 나타내요.
$y\times x$의 값을 알면 a의 값을 구할 수 있어요.

y가 x에 반비례할 때 표를 완성하고, x와 y 사이의 관계식을 쓰세요.

❶

x	1	5	25
y	25		

➡ $y=\dfrac{25}{x}$

□ 안에는 $y\times x$의 값이 들어가요.

❷

x	1	2	4
y	8		

➡ $y=\dfrac{\square}{x}$

❸

x	1	2	5
y	10		

➡ $y=\dfrac{\square}{x}$

❹

x	1	2	7
y	14		

➡ $y=\dfrac{\square}{x}$

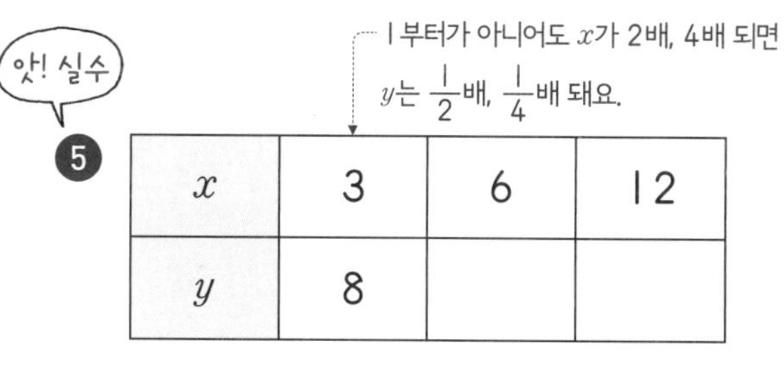

❺

x	3	6	12
y	8		

➡ $y=\dfrac{\square}{x}$

❻

x	2	4	6
y	18		

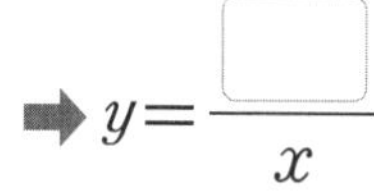

➡ $y=\dfrac{\square}{x}$

$y\times x$의 값은 항상 36으로 같아요.

x와 y 사이의 관계를 표로 나타내면 관계식을 찾기가 쉬워요.

x와 y 사이의 관계식을 쓰세요.

❶ 연필 64자루를 x명이 나누어 가질 때 한 명이 갖는 연필 수 y자루

사람 수 x(명)	1	2	4
한 명이 갖는 연필 수 y(자루)			

➡ $y=\frac{\square}{x}$

❷ 물 16 L를 x명이 똑같이 나누어 마실 때 한 명이 마시는 물 양 y L

사람 수 x(명)	1	4	8
한 명이 마시는 물 양 y (L)			

➡ ____________

❸ 쌀 500 g을 x명이 똑같이 나누어 가질 때 한 명이 갖는 쌀의 무게 y g

사람 수 x(명)	1	2	5
한 명이 갖는 쌀의 무게 y (g)			

➡ ____________

❹ 넓이가 40 cm^2인 평행사변형의 밑변의 길이 x cm, 높이 y cm

밑변의 길이 x (cm)	1	4	8
높이 y (cm)			

➡ ____________

도전! 땅 짚고 헤엄치는 문장제

쉬운 문장제로 연산의 기본 개념을 익혀 봐요!

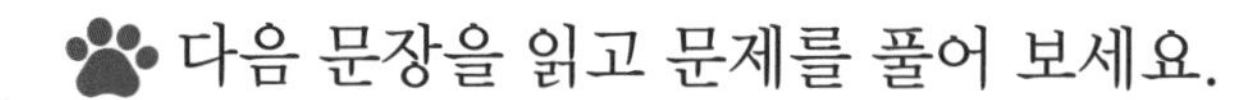

다음 문장을 읽고 문제를 풀어 보세요.

❶ 반비례 관계식이 아닌 것을 찾아 기호를 쓰세요.

㉠ $y\times x=5$　　㉡ $y=\dfrac{5}{x}$　　㉢ $y=x-5$

____

❷ 두 양 x, y는 반비례하고 관계식은 오른쪽과 같습니다. $x=4$일 때 y의 값은 얼마일까요?

$y=\dfrac{12}{x}$

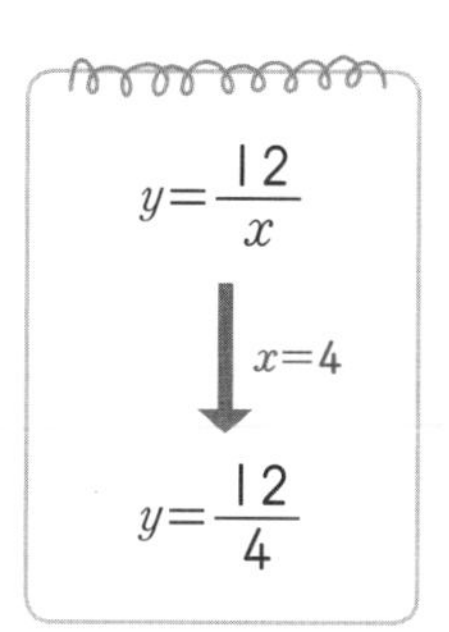

____

❸ 넓이가 48 cm^2인 직사각형의 가로를 x cm, 세로를 y cm라 할 때 x와 y 사이의 관계식을 쓰세요.

(직사각형의 넓이)
=(가로)×(세로)

____

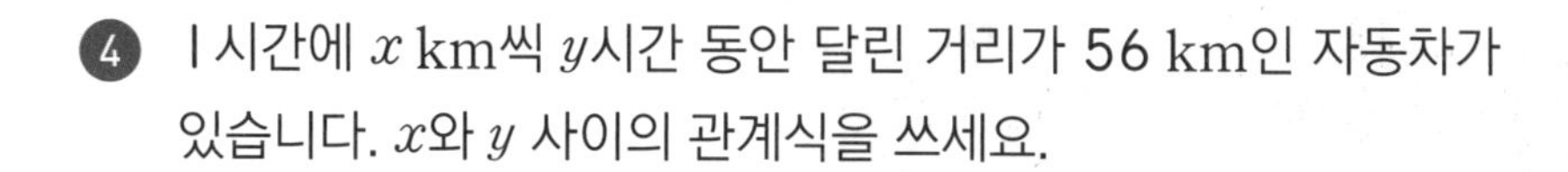

❹ 1시간에 x km씩 y시간 동안 달린 거리가 56 km인 자동차가 있습니다. x와 y 사이의 관계식을 쓰세요.

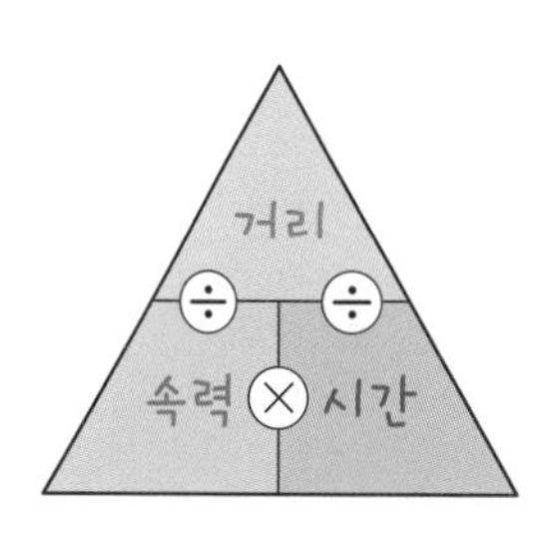

____

몫이 일정하면 정비례, 곱이 일정하면 반비례!

✪ 몫 또는 곱으로 정비례, 반비례 구분하기

대응하는 두 양 x, y에서 $y \div x$의 몫이 일정하면 y는 x에 [정비례] 하고,

$y \times x$의 값이 일정하면 y는 x에 [반비례] 합니다.

x	1	2	3
y	6	12	18
$y \div x$	6	6	6
$y \times x$	6	24	54

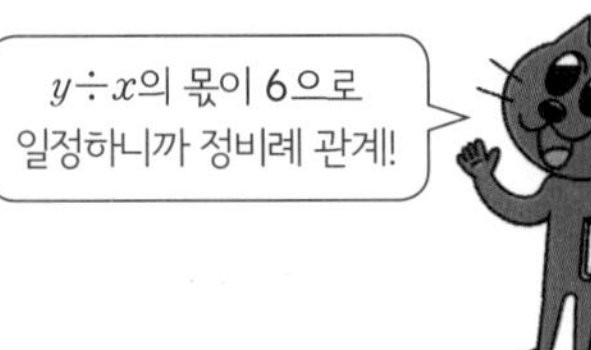

✪ 관계식으로 정비례, 반비례 구분하기

주어진 관계식을 곱셈과 나눗셈의 관계로 식을 정리했을 때 $y=a \times x$꼴이 되면

y는 x에 [정비례] 하고, $y=\frac{a}{x}$꼴이 되면 y는 x에 [반비례] 합니다.

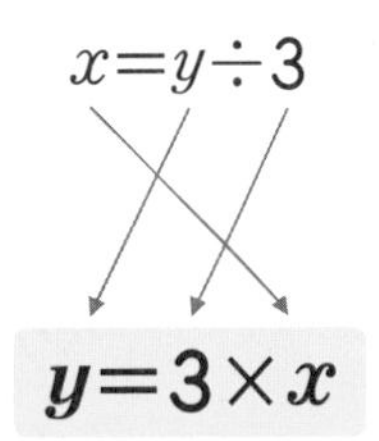

➡ y는 x에 정비례합니다.

$x=\frac{5}{y}$ → $x=5 \div y$

$y=\frac{5}{x}$ ← $y=5 \div x$

➡ y는 x에 반비례합니다.

$y \div x$의 몫이 일정하면 정비례, $y \times x$의 값이 일정하면 반비례해요.
표 아래에 몫과 곱을 적어가면서 어떤 값이 일정한지 확인해 봐요.

표를 완성하고, 알맞은 것에 ○표 하세요.

❶

x	1	2	3
y	4	8	12
$y \div x$	4	4	
$y \times x$	4		

➡ y는 x에 (정비례 , 반비례)

$y \div x$의 몫이 일정하므로 정비례!

❷

x	1	2	3
y	36	18	12
$y \div x$			
$y \times x$			

➡ y는 x에 (정비례 , 반비례)

❸

x	1	2	4
y	64	32	16
$y \div x$			
$y \times x$			

➡ y는 x에 (정비례 , 반비례)

❹

x	2	3	5
y	14	21	35
$y \div x$			
$y \times x$			

➡ y는 x에 (정비례 , 반비례)

❺

x	2	3	6
y	36	24	12
$y \div x$			
$y \times x$			

➡ y는 x에 (정비례 , 반비례)

❻

x	3	4	6
y	33	44	66
$y \div x$			
$y \times x$			

➡ y는 x에 (정비례 , 반비례)

식을 정리했을 때

$y=a\times x$꼴이면 정비례하고, $y=\frac{a}{x}$꼴이면 반비례합니다.

다음 관계식에서 y가 x에 정비례하면 '정', 반비례하면 '반'을 쓰세요.

• 정비례 관계식
➡ $y=13\times x$, $y\div x=13$, $x=y\div 13$ 등
• 반비례 관계식
➡ $y=\frac{13}{x}$, $y\times x=13$, $x=\frac{13}{y}$ 등

1. $y=13\times x$ ➡ (　　　)

2. $y=\frac{34}{x}$ ➡ (　　　)

3. $y\div x=3$ ➡ (　　　)

4. $y\times x=12$ ➡ (　　　)

5. $x=\frac{70}{y}$ ➡ (　　　)

6. $y\div x=21$ ➡ (　　　)

7. $x\times y=48$ ➡ (　　　)

8. $y\div x=10$ ➡ (　　　)

앗! 실수

9. $y=x\times 6$ ➡ (　　　)

$y=x\times 6$은 $y=6\times x$와 같아요.

x와 y 사이의 관계를 표로 나타내어 관계식을 찾고
정비례하는지 반비례하는지 구분해 보세요.

x와 y 사이의 관계식을 쓰고, y가 x에 정비례하면 '정', 반비례하면 '반'을 괄호 안에 쓰세요.

❶ 한 개의 무게가 300 g인 구슬 x개의 무게 y g

➡ 식 ____________ (　　　　)

• x, y의 값을 표로 나타내어 관계식을 세워 보세요.

구슬 수 x(개)	1	2	3	……
무게 y (g)	300	600	900	……

❷ 한 달에 2000원씩 저금할 때 x달 동안 저금한 금액 y원

➡ 식 ____________ (　　　　)

❸ 한 개의 무게가 x g인 구슬 y개의 무게 800 g

➡ 식 ____________ (　　　　)

❹ 오각형의 수 x개와 변의 수 y개

➡ 식 ____________ (　　　　)

오각형 1개의 변은
몇 개일까요?

❺ 1시간에 물이 x L씩 흐르는 수도에서 물 24 L가 흐를 때까지 걸리는 시간 y 시간

➡ 식 ____________ (　　　　)

도전! 땅 짚고 헤엄치는 문장제

쉬운 문장제로 연산의 기본 개념을 익혀 봐요!

다음 문장을 읽고 문제를 풀어 보세요.

❶ x와 y 사이의 관계가 다른 하나를 찾아 기호를 쓰세요.

㉠ $y=11\times x$　㉡ $y\div x=8$　㉢ $y\times x=22$

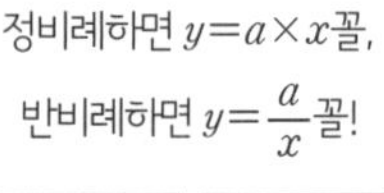

❷ y가 x에 정비례하는 것의 기호를 쓰세요.

㉠ 1시간에 40 km씩 x시간 동안 달린 거리 y km
㉡ 1시간에 x km씩 y시간 동안 달린 거리 56 km
㉢ x시간 동안 3 km 달릴 때 빠르기 y

어떤 값을 x, y로 정하느냐에 따라 정비례도 되고 반비례도 될 수 있어요.

❸ 맞물려 돌아가는 두 톱니바퀴 ㉮, ㉯에서 톱니 수와 회전수가 다음과 같을 때 y가 x에 정비례하면 '정', 반비례하면 '반'을 쓰세요.

톱니바퀴	㉮	㉯
톱니 수(개)	35	x
회전수(바퀴)	9	y

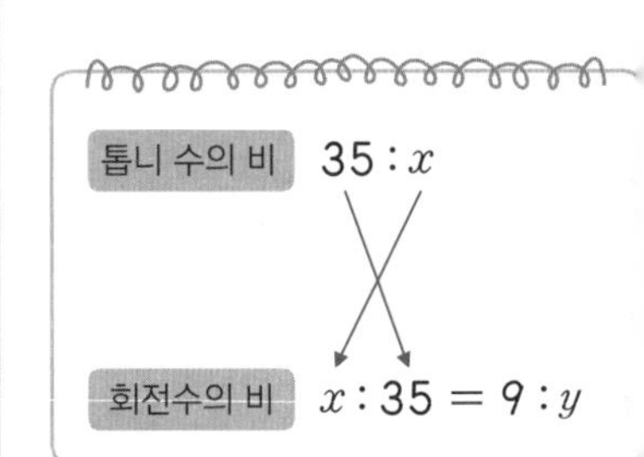

초등 수학 공부, 이렇게 하면 효과적!

“펑펑 내려야 눈이 쌓이듯 공부도 집중해야 실력이 쌓인다!”

학교 다닐 때는? 학기별 연산책 ‘바빠 교과서 연산’

‘바빠 교과서 연산’부터 시작하세요. 학기별 진도에 딱 맞춘 쉬운 연산 책이니까요! 방학 동안 다음 학기 선행을 준비할 때도 ‘바빠 교과서 연산’으로 시작하세요! 교과서 순서대로 빠르게 공부할 수 있어, 첫 번째 수학 책으로 추천합니다.

시험이나 서술형 대비는? ‘나 혼자 푼다! 수학 문장제’

학교 시험을 대비하고 싶다면 ‘나 혼자 푼다! 수학 문장제’로 공부하세요. 너무 어렵지도 쉽지도 않은 딱 적당한 난이도로, 빈칸을 채우면 풀이 과정이 완성됩니다! 막막하지 않아요~ 요즘 학교 시험 풀이 과정을 손쉽게 연습할 수 있습니다.

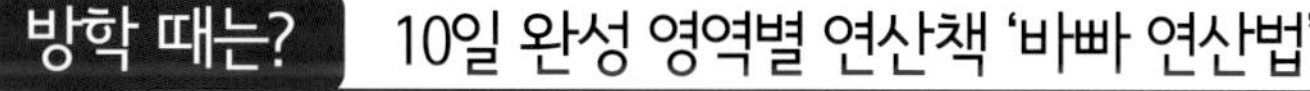

방학 때는? 10일 완성 영역별 연산책 ‘바빠 연산법’

내가 부족한 영역만 골라 보충할 수 있어요! 예를 들어 5학년인데 나눗셈이 어렵다면 나눗셈만, 분수가 어렵다면 분수만 골라 훈련하세요. 방학 때나 학습 결손이 생겼을 때, 취약한 연산 구멍을 빠르게 메꿀 수 있어요!

바빠 연산 영역 :
덧셈, 뺄셈, 구구단, 시계와 시간, 길이와 시간 계산, 곱셈, 나눗셈, 약수와 배수, 분수, 소수, 자연수의 혼합 계산, 분수와 소수의 혼합 계산, 평면도형 계산, 입체도형 계산, 비와 비례, 방정식, 확률과 통계

바빠 시리즈 초등 학년별 추천 도서

학년	학기별 연산책 바빠 교과서 연산 학기 중, 선행용으로 추천!	나 혼자 푼다! 수학 문장제 학교 시험 서술형 완벽 대비!
1학년	·바쁜 1학년을 위한 빠른 **교과서 연산 1-1** ·바쁜 1학년을 위한 빠른 **교과서 연산 1-2**	·나 혼자 푼다! **수학 문장제 1-1** ·나 혼자 푼다! **수학 문장제 1-2**
2학년	·바쁜 2학년을 위한 빠른 **교과서 연산 2-1** ·바쁜 2학년을 위한 빠른 **교과서 연산 2-2**	·나 혼자 푼다! **수학 문장제 2-1** ·나 혼자 푼다! **수학 문장제 2-2**
3학년	·바쁜 3학년을 위한 빠른 **교과서 연산 3-1** ·바쁜 3학년을 위한 빠른 **교과서 연산 3-2**	·나 혼자 푼다! **수학 문장제 3-1** ·나 혼자 푼다! **수학 문장제 3-2**
4학년	·바쁜 4학년을 위한 빠른 **교과서 연산 4-1** ·바쁜 4학년을 위한 빠른 **교과서 연산 4-2**	·나 혼자 푼다! **수학 문장제 4-1** ·나 혼자 푼다! **수학 문장제 4-2**
5학년	·바쁜 5학년을 위한 빠른 **교과서 연산 5-1** ·바쁜 5학년을 위한 빠른 **교과서 연산 5-2**	·나 혼자 푼다! **수학 문장제 5-1** ·나 혼자 푼다! **수학 문장제 5-2**
6학년	·바쁜 6학년을 위한 빠른 **교과서 연산 6-1** ·바쁜 6학년을 위한 빠른 **교과서 연산 6-2**	·나 혼자 푼다! **수학 문장제 6-1** ·나 혼자 푼다! **수학 문장제 6-2**

'바빠 교과서 연산'과
'나 혼자 문장제'를
함께 풀면
한 학기 수학 완성!

학기별 계산력 강화 프로그램
바쁜 6학년을 위한 빠른 교과서 연산
6-2학기
5분 공부해도 15분 공부한 효과!

나 혼자 푼다! 수학 문장제 초등 6-2
나 혼자 푼다! 수학 문장제 초등 6-1

중학 수학까지 연결되는 비와 비례 끝내기!

징검다리 교육연구소, 김정은 지음

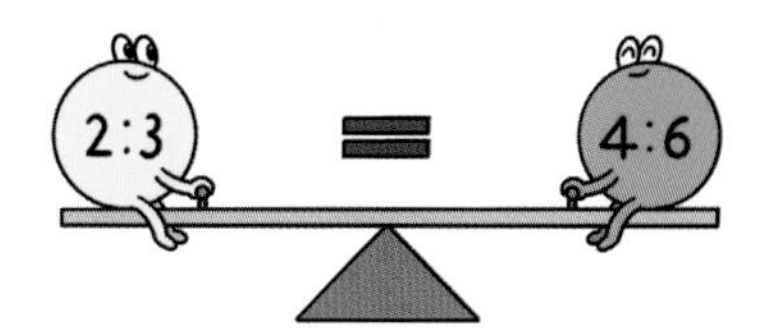

정답 및 풀이

한 권으로 총정리!

- 비와 비율
- 비례식과 비례배분
- 정비례와 반비례

6학년, 예비 중1 필독서

이지스에듀

① 정답을 확인한 후 틀린 문제는 ☆표를 쳐 놓으세요~.

② 그런 다음 연습장에 틀린 문제를 옮겨 적으세요.

③ 그리고 그 문제들만 한 번 더 풀어 보세요.

시간은 얼마 걸리지 않아요. 그러나 이때 실력이 확 붙는 거예요.
아는 문제를 여러 번 다시 푸는 건 시간 낭비예요.
내가 틀린 문제만 모아서 풀면 아무리 바쁘더라도
수학 실력을 키울 수 있어요!

01단계 A 15쪽

① 4, 4 / 7, 4, 7, 4

② 2÷5, 2 : 5 / 5÷2, 5 : 2

③ 1÷6, 1 : 6 / 6÷1, 6 : 1

01단계 B 16쪽

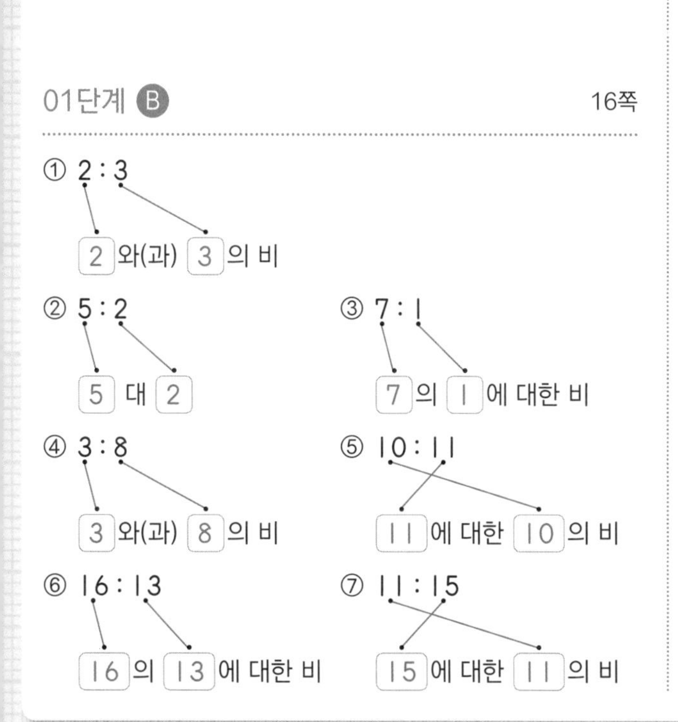

01단계 C 17쪽

① 2 : 3 ② 8 : 2

③ 3 : 4 ④ 7 : 4

⑤ 9 : 5 ⑥ 12 : 7

⑦ 5 : 11 ⑧ 15 : 23

01단계 D 18쪽

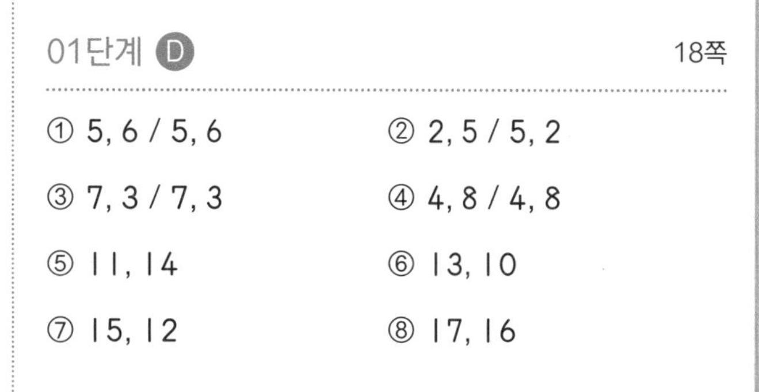

① 5, 6 / 5, 6 ② 2, 5 / 5, 2

③ 7, 3 / 7, 3 ④ 4, 8 / 4, 8

⑤ 11, 14 ⑥ 13, 10

⑦ 15, 12 ⑧ 17, 16

01단계 야호! 게임처럼 즐기는 연산 놀이터 19쪽

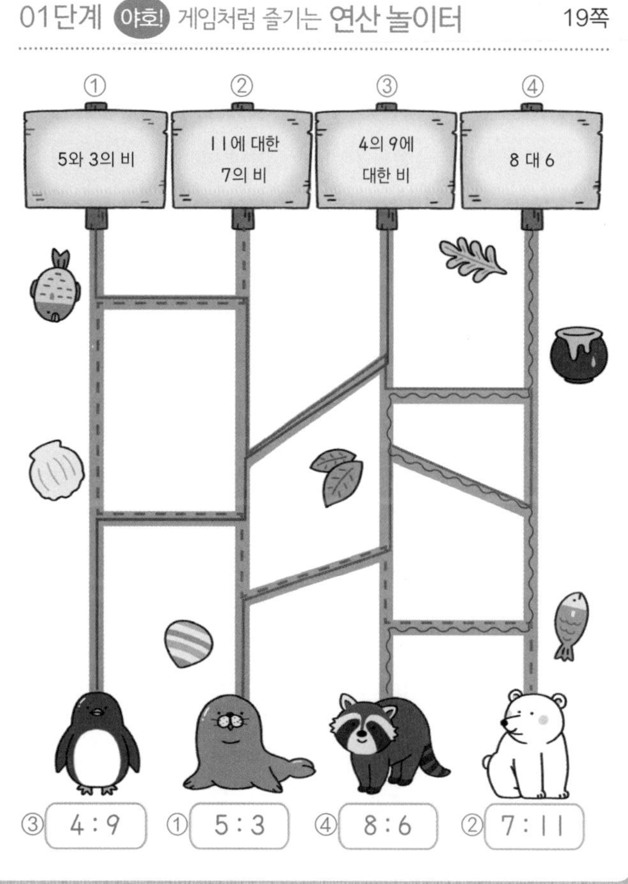

02단계 A

21쪽

① 5, 9 / 9, 4 / 9, 5

② 5, 12 / 7, 5 / 7, 12

③ 7, 3 / 4, 7 / 3, 4

02단계 B

22쪽

① 5, 8

② 11, 15

③ 7, 13

④ 10, 18

풀이

② (간 거리)=11 km, (전체 거리)=11+4=15 (km)
➡ (간 거리) : (전체 거리) ➡ 11 : 15

③ (남은 거리)=13−6=7 (km), (전체 거리)=13 km
➡ (남은 거리) : (전체 거리) ➡ 7 : 13

④ (간 거리)=18−8=10 (km), (전체 거리)=18 km
➡ (간 거리) : (전체 거리) ➡ 10 : 18

02단계 C

23쪽

① 1, 4	② 1, 4	③ 2, 4
④ 2, 8	⑤ 7, 9	⑥ 3, 10
⑦ 1, 3	⑧ 5, 3	⑨ 7, 5

02단계 D

24쪽

① 1, 2 / 1, 2	② 2, 3 / 2, 3
③ 1, 1 / 1, 1	④ 2, 1 / 2, 1
⑤ 3, 4 / 3, 4	⑥ 1, 3 / 1, 3

02단계  땅 짚고 헤엄치는 문장제

25쪽

① 13 : 29	② 7 : 13
③ 2 : 3	④ 800 : 1200

풀이

① (전체 학생 수)=13+16=29(명)
전체 학생 수에 대한 남학생 수의 비
➡ (남학생 수) : (전체 학생 수) ➡ 13 : 29

② (불량품이 아닌 인형 수)=20−7=13(개)
불량품인 인형 수와 불량품이 아닌 인형 수의 비
➡ (불량품인 인형 수) : (불량품이 아닌 인형 수)
➡ 7 : 13

③ 선분 AC의 길이는 2칸, 선분 BE의 길이는 3칸입니다.
선분 AC의 길이와 선분 BE의 길이의 비
➡ (선분 AC의 길이) : (선분 BE의 길이)
➡ 2 : 3

④ (남은 거리)=1200−400=800 (m)
전체 거리에 대한 남은 거리의 비
➡ (남은 거리) : (전체 거리) ➡ 800 : 1200

03단계 A
27쪽

① 2 : 3(○) 1 : 5(○) 7 : 3 5 : 5 6 : 1

② 1 : 1 3 : 8 6 : 5(○) 10 : 7(○) 5 : 9

③ 6 : 10(○) 11 : 5 9 : 2 13 : 9(○) 2 : 15(○)

④ 7 : 11(○) 14 : 9 12 : 15 3 : 10(○) 10 : 6

03단계 B
28쪽

① 8, $\frac{1}{8}$

② 10, $\frac{9}{10}$

③ 7, 50, $\frac{7}{50}$

④ 2, 10, $\frac{2}{10}$, $\frac{1}{5}$

⑤ 6, 15, $\frac{6}{15}$, $\frac{2}{5}$

⑥ 21, 14, $\frac{21}{14}$, $\frac{3}{2}$

03단계 C
29쪽

① $\frac{1}{10}$, 0.1 ② $\frac{21}{100}$, 0.21

③ $\frac{1}{2}$, 0.5 ④ $\frac{5}{4}$, 1.25

⑤ $\frac{3}{25}$, 0.12 ⑥ $\frac{9}{8}$, 1.125

⑦ $\frac{1}{4}$, 0.25 ⑧ $\frac{111}{125}$, 0.888

03단계  땅 짚고 헤엄치는 문장제
30쪽

① $\frac{2}{7}$ ② 1.2

③ $\frac{19}{25}$, 0.76 ④ $\frac{7}{10}$, 0.7

풀이

① (비율)$=\frac{(비교하는\ 양)}{(기준량)}=\frac{2}{7}$

② 비교하는 양은 6, 기준량은 5이므로 $6\div5=1.2$입니다.

③ 19 : 25에서 비교하는 양은 19, 기준량은 25입니다.
따라서 비율을 분수로 나타내면 $\frac{19}{25}$이고,
소수로 나타내면 $\frac{19}{25}=\frac{76}{100}=0.76$입니다.

④ 남자 수에 대한 여자 수의 비 ➡ 14 : 20
따라서 비율을 분수로 나타내면 $\frac{14}{20}=\frac{7}{10}$이고,
소수로 나타내면 $\frac{7}{10}=0.7$입니다.

04단계 A 32쪽

① <, < ② >, >
③ >, > ④ >, >
⑤ <, < ⑥ <, <
⑦ <, < ⑧ >, >
⑨ <, <

04단계 B 33쪽

① < ② >
③ > ④ <
⑤ < ⑥ >
⑦ > ⑧ <
⑨ >

04단계 야호! 게임처럼 즐기는 연산 놀이터 34쪽

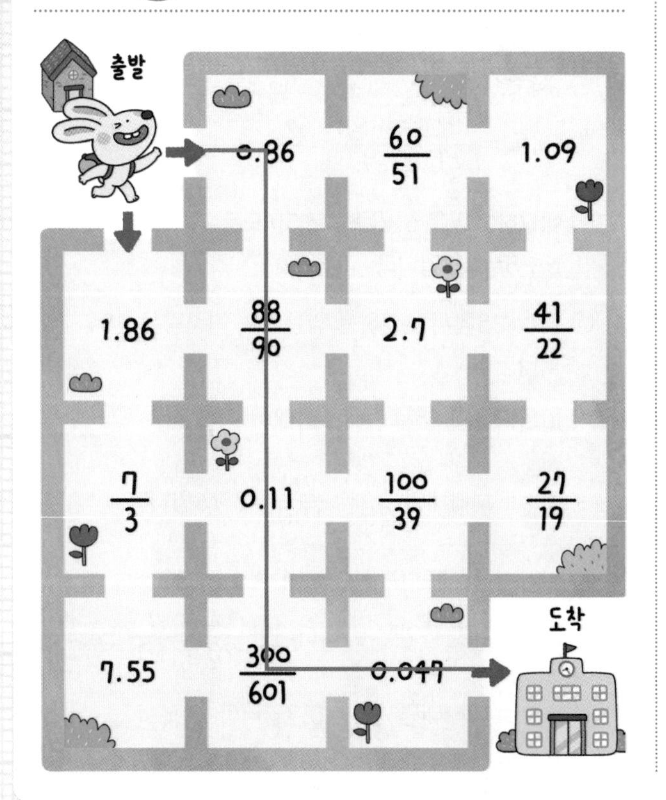

05

05단계 A 36쪽

① $\frac{7}{2}$, >, $\frac{5}{2}$
② $\frac{2}{3}$, =, $\frac{2}{3}$ ③ $\frac{4}{7}$, >, $\frac{1}{3}$
④ $\frac{3}{4}$, =, $\frac{3}{4}$ ⑤ $\frac{21}{25}$, >, $\frac{4}{5}$
⑥ $\frac{4}{9}$, <, $\frac{5}{6}$ ⑦ $\frac{11}{20}$, <, $\frac{3}{5}$

05단계 B 37쪽

① 0.8, <, 0.9 ② 0.22, >, 0.21
③ 0.125, >, 0.096 ④ 0.25, >, 0.24
⑤ 0.33, =, 0.33 ⑥ 1.6, >, 1.42
⑦ 2.3, <, 2.31

05단계 C 38쪽

① (   ) (○) (   )
② (   ) (   ) (○)
③ (○) (   ) (   )
④ (   ) (○) (   )

풀이

① 왼쪽 직사각형의 가로는 10 cm, 세로는 5 cm이므로 가로에 대한 세로의 비율은 $\frac{5}{10}=\frac{1}{2}$입니다.

② 왼쪽 직사각형의 가로는 3 cm, 세로는 4 cm이므로 가로에 대한 세로의 비율은 $\frac{4}{3}$입니다.

③ 왼쪽 직사각형의 가로는 9 cm, 세로는 5 cm이므로 가로에 대한 세로의 비율은 $\frac{5}{9}$입니다.

④ 왼쪽 직사각형의 가로는 8 cm, 세로는 12 cm이므로 가로에 대한 세로의 비율은 $\frac{12}{8}=\frac{3}{2}$입니다.

05단계 도전! 땅 짚고 헤엄치는 문장제 39쪽

① 혜성 ② 20 : 25, 5 : 9에 표

③ 8 : 12 ④ 수아

풀이

① 전체 피자 조각 수에 대한 먹은 피자 조각 수의 비를 구해 비율로 나타냅니다.

• 민휘: 3 : 8 ➡ $\frac{3}{8}$ • 혜성: 5 : 8 ➡ $\frac{5}{8}$

② • 20 : 25 ➡ $\frac{20}{25}=\frac{4}{5}>\frac{1}{2}$

• 8 : 24 ➡ $\frac{8}{24}=\frac{1}{3}<\frac{1}{2}$

• 5 : 9 ➡ $\frac{5}{9}>\frac{1}{2}$

③ • 8 : 12 ➡ $\frac{8}{12}=\frac{2}{3}$ • 9 : 18 ➡ $\frac{9}{18}=\frac{1}{2}$

$\frac{2}{3}>\frac{1}{2}$이므로 비율이 더 큰 것은 8 : 12입니다.

④ • 정호: $\frac{7}{10}=0.7$

• 수아: $\frac{6}{8}=\frac{3}{4}=\frac{75}{100}=0.75$

06단계 A 41쪽

① 900, 6, 150 / $\frac{900}{6}$, 150

② 840, 4, 210 / $\frac{840}{4}$, 210

③ 1210, 11, 110 / $\frac{1210}{11}$, 110

06단계 B 42쪽

① 960, 8, $\frac{960}{8}$, 120

② 1100, 11, $\frac{1100}{11}$, 100

③ $\frac{1143}{9}$, 127

④ $\frac{4410}{21}$, 210

06단계 C 43쪽

(위에서부터)

① > / $\frac{650}{5}$, 130 / $\frac{1080}{9}$, 120

② > / 130, 125 ③ < / 140, 145

④ < / 200, 230 ⑤ > / 190, 185

풀이

④ • $\frac{3000}{15}=200$ • $\frac{4600}{20}=230$

➡ 200<230

⑤ • $\frac{4180}{22}=190$ • $\frac{5735}{31}=185$

➡ 190>185

06단계 D 44쪽

① 130, 120 / 가　　② 160, 155 / 가

③ 180, 200 / 나　　④ 210, 205 / 가

⑤ 163, 165/ 나

풀이

① • 가: $\frac{2080}{16}=130$　• 나: $\frac{1440}{12}=120$

$130>120$이므로 인구가 더 밀집한 곳은 가입니다.

② • 가: $\frac{3520}{22}=160$　• 나: $\frac{3100}{20}=155$

$160>155$이므로 인구가 더 밀집한 곳은 가입니다.

③ • 가: $\frac{7200}{40}=180$　• 나: $\frac{9000}{45}=200$

$180<200$이므로 인구가 더 밀집한 곳은 나입니다.

④ • 가: $\frac{6720}{32}=210$　• 나: $\frac{82000}{40}=205$

$210>205$이므로 인구가 더 밀집한 곳은 가입니다.

⑤ • 가: $\frac{8150}{50}=163$　• 나: $\frac{6600}{40}=165$

$163<165$이므로 인구가 더 밀집한 곳은 나입니다.

07단계 A 46쪽

① 120, 3, 40 / $\frac{120}{3}$, 40

② 275, 5, 55 / $\frac{275}{5}$, 55

③ 1020, 12, 85 / $\frac{1020}{12}$, 85

07단계 B 47쪽

① $\frac{180}{5}$, 36

② $\frac{6}{3}$, 2

③ $\frac{420}{6}$, 70

④ $\frac{210}{30}$, 7

07단계 C 48쪽

① $<$　　② $<$

③ $>$　　④ $>$

⑤ $<$　　⑥ $>$

풀이

① • 버스: $\frac{232}{4}=58$　• 자동차: $\frac{130}{2}=65$

➡ $58<65$

② • 헬리콥터: $\frac{800}{5}=160$　• 비행기: $\frac{750}{3}=250$

➡ $160<250$

③ • 호랑이: $\frac{27}{9}=3$　• 말: $\frac{38}{19}=2$

➡ $3>2$

④ • 여학생: $\frac{119}{17}=7$　• 남학생: $\frac{126}{21}=6$

➡ $7>6$

⑤ • 잠수함: $\frac{99}{9}=11$

• 120분=2시간이므로 여객선의 빠르기는 $\frac{80}{2}=40$입니다. ➡ $11<40$

⑥ • 토끼: $\frac{195}{15}=13$　• 다람쥐: $\frac{91}{13}=7$

➡ $13>7$

07단계 D 49쪽

① 140, 70, 210 / $\frac{210}{3}$, 70

② 730, 80, 810 / $\frac{810}{6}$, 135

③ $\frac{950}{10}$, 95

④ $\frac{616}{7}$, 88

풀이

③ (달린 거리)=830+120=950 (m)

➡ (빠르기)=$\frac{950}{10}$=95

④ (달린 거리)=536+80=616 (m)

➡ (빠르기)=$\frac{616}{7}$=88

07단계 E 50쪽

① 43

② 8

③ 595

④ 45

⑤ 2600

풀이

① (속력)=$\frac{(거리)}{(시간)}=\frac{215}{5}$=43 (km/시)

② (시간)=$\frac{(거리)}{(속력)}=\frac{536}{67}$=8(시간)

③ (거리)=(속력)×(시간)

=85×7=595 (m)

④ (속력)=$\frac{(거리)}{(시간)}=\frac{1575}{35}$=45 (m/초)

⑤ (거리)=(속력)×(시간)

=200×13=2600 (m)

08

08단계 A 53쪽

① 40, 40 %

② 1, 1 %

③ 75, 75 %

④ 10, 10 %

⑤ 44, 44 %

⑥ 23, 23 %

⑦ 150, 150 %

⑧ 100, 100 %

⑨ 110, 110 %

08단계 B 54쪽

① 60 %

② 86 %

③ 30 %

④ 20 %

⑤ 8 %

⑥ 5 %

⑦ 125 %

08단계  C 55쪽

① 34 %

② 91 %

③ 55 %

④ 66 %

⑤ 60 %

⑥ 70 %

⑦ 50 %

⑧ 75 %

풀이

③ 20칸 중 11칸이 색칠되어 있으므로 전체에 대한 색칠한 부분의 비율은 $\frac{11}{20}$입니다.

➡ $\frac{11}{20}=\frac{55}{100}=55\ \%$

④ 50칸 중 33칸이 색칠되어 있으므로 전체에 대한 색칠한 부분의 비율은 $\frac{33}{50}$입니다.

➡ $\frac{33}{50}=\frac{66}{100}=66\ \%$

⑤ 5칸 중 3칸이 색칠되어 있으므로 전체에 대한 색칠한 부분의 비율은 $\frac{3}{5}$입니다.

➡ $\frac{3}{5}=\frac{60}{100}=60\ \%$

⑥ 10칸 중 7칸이 색칠되어 있으므로 전체에 대한 색칠한 부분의 비율은 $\frac{7}{10}$입니다.

➡ $\frac{7}{10}=\frac{70}{100}=70\ \%$

⑦ 6칸 중 3칸이 색칠되어 있으므로 전체에 대한 색칠한 부분의 비율은 $\frac{3}{6}=\frac{1}{2}$입니다.

➡ $\frac{1}{2}=\frac{50}{100}=50\ \%$

⑧ 8칸 중 6칸이 색칠되어 있으므로 전체에 대한 색칠한 부분의 비율은 $\frac{6}{8}=\frac{3}{4}$입니다.

➡ $\frac{3}{4}=\frac{75}{100}=75\ \%$

08단계 D 56쪽

① 20 %	② 58 %
③ 24 %	④ 4 %
⑤ 70 %	⑥ 85 %
⑦ 50 %	⑧ 25 %

풀이

③ 12의 50에 대한 비 12 : 50의 비율은 $\frac{12}{50}=\frac{24}{100}$이므로 24 %입니다.

④ 25에 대한 1의 비 1 : 25의 비율은 $\frac{1}{25}=\frac{4}{100}$이므로 4 %입니다.

⑤ 7과 10의 비 7 : 10의 비율은 $\frac{7}{10}=\frac{70}{100}$이므로 70 %입니다.

⑥ 17 대 20 ➡ 17 : 20
17 : 20의 비율은 $\frac{17}{20}=\frac{85}{100}$이므로 85 %입니다.

⑦ 14에 대한 7의 비 7 : 14의 비율은 $\frac{7}{14}=\frac{1}{2}=\frac{50}{100}$이므로 50 %입니다.

⑧ 4의 16에 대한 비 4 : 16의 비율은 $\frac{4}{16}=\frac{1}{4}=\frac{25}{100}$이므로 25 %입니다.

08단계 도전! 땅 짚고 헤엄치는 문장제 57쪽

① ㉠	② ㉡
③ 56 %	④ 60 %

풀이

① ㉠ 45 % ㉡ 43 % ㉢ 42 % ㉣ $\frac{2}{5}$ ➡ 40 %

② 기준량과 비교하는 양이 같으면 비율은 1입니다.
➡ (백분율)=(비율)×100=100 (%)

③ (전체 색종이 수)=11+14=25(장)
전체 색종이 수에 대한 파란색 색종이 수의 비율은 $\frac{14}{25}$입니다.
➡ $\frac{14}{25}=\frac{56}{100}=56$ %

④ (남은 사탕 수)=15−6=9(개)
전체 사탕 수에 대한 남은 사탕 수의 비율은 $\frac{9}{15}=\frac{3}{5}$입니다.
➡ $\frac{3}{5}=\frac{60}{100}=60$ %

09단계 A 59쪽

① $\frac{81}{100}$, 0.81

② $\frac{73}{100}$, 0.73 ③ $\frac{9}{20}$, 0.45

④ $\frac{2}{5}$, 0.4 ⑤ $\frac{7}{10}$, 0.7

⑥ $\frac{1}{25}$, 0.04 ⑦ $\frac{1}{50}$, 0.02

09단계 B 60쪽

(위에서부터)

① 20 / $\frac{80}{100}$(0.8), 20 ② 34 / $\frac{40}{100}$(0.4), 34

③ 38 / $\frac{38}{100}$(0.38), 38 ④ 3 / $\frac{10}{100}$(0.1), 3

⑤ 4 / $\frac{5}{100}$(0.05), 4 ⑥ 54 / $\frac{45}{100}$(0.45), 54

⑦ 49 / $\frac{35}{100}$(0.35), 49 ⑧ 84 / $\frac{56}{100}$(0.56), 84

09단계 C 61쪽

① 25, 30, 5

② 30, 6, 0.6 / 15, 24, 3

③ 90, 18, 1.8 / 45, 108, 9

풀이

② 60의 50 %는 60÷2=30, 60의 10 %와 1 %는 60에서 소수점을 왼쪽으로 각각 1칸, 2칸 옮긴 6, 0.6입니다.
➡ 60의 25 %는 30÷2=15,
60의 40 %는 6×4=24,
60의 5 %는 0.6×5=3입니다.

③ 180의 50 %는 180÷2=90, 180의 10 %와 1 %는 180에서 소수점을 왼쪽으로 각각 1칸, 2칸 옮긴 18, 1.8입니다.
➡ 180의 25 %는 90÷2=45,
180의 60 %는 18×6=108,
180의 5 %는 1.8×5=9입니다.

09단계 야호! 게임처럼 즐기는 연산 놀이터 62쪽

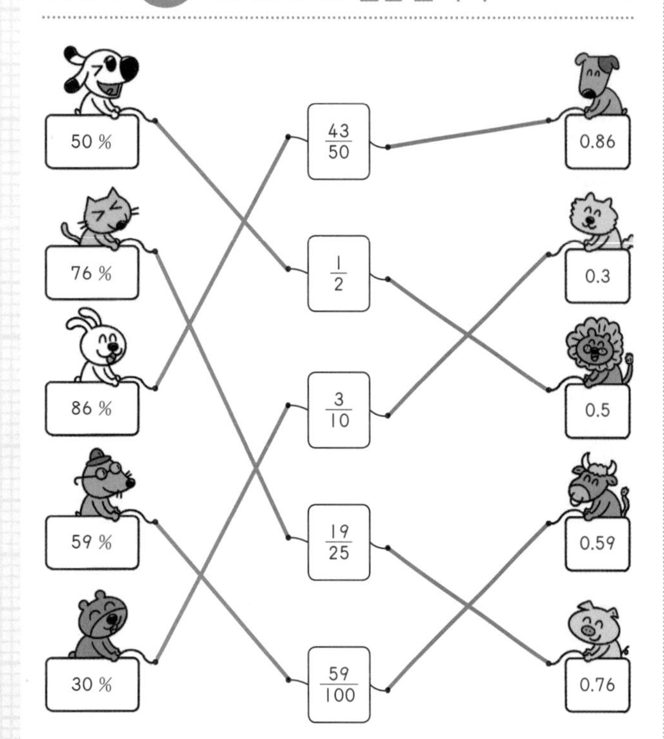

10단계 A 64쪽

① 30, 30

② $\frac{75}{300}$, 25

③ 40

④ 60

⑤ 45

⑥ 5

⑦ 7

10단계 B 65쪽

① $\frac{60}{140+60}$, 30

② $\frac{25}{175+25}$, 12.5

③ $\frac{105}{300}$, 35

④ $\frac{85}{500}$, 17

10단계 C 66쪽

(위에서부터)

① > / 25, 20

② < / 34, 35

③ > / 7, 5

풀이

① • (가 소금물의 양)=180+60=240 (g)

➡ (진하기)=$\frac{60}{240}\times100=25$ (%)

• (나 소금물의 양)=200+50=250 (g)

➡ (진하기)=$\frac{50}{250}\times100=20$ (%)

➡ 가>나

② • (가 소금물의 양)=132+68=200 (g)

➡ (진하기)=$\frac{68}{200}\times100=34$ (%)

• (나 소금물의 양)=143+77=220 (g)

➡ (진하기)=$\frac{77}{220}\times100=35$ (%)

➡ 가<나

③ • (가 소금물의 양)=279+21=300 (g)

➡ (진하기)=$\frac{21}{300}\times100=7$ (%)

• (나 소금물의 양)=133+7=140 (g)

➡ (진하기)=$\frac{7}{140}\times100=5$ (%)

➡ 가>나

10단계 D 67쪽

① 0.4, 40 ② 0.5, 100
③ 400, 0.43, 172 ④ 500, 0.52, 260
⑤ 65 ⑥ 27
⑦ 68 ⑧ 252

풀이

① $\frac{5000}{25000}\times100=20\,(\%)$

② $\frac{6000}{20000}\times100=30\,(\%)$

③ $\frac{3000}{25000}\times100=12\,(\%)$

④ $\frac{5100}{34000}\times100=15\,(\%)$

⑤ $\frac{2400}{30000}\times100=8\,(\%)$

⑥ $\frac{11900}{34000}\times100=35\,(\%)$

⑦ $\frac{12000}{48000}\times100=25\,(\%)$

11단계 A 69쪽

① 1800, 200 / 200, 10

② 10000, 7300, 2700 / 2700, 27

③ 10000, 6400, 3600 / $\frac{3600}{10000}$, 36

④ 15000, 11250, 3750 / $\frac{3750}{15000}$, 25

11단계 B 70쪽

① 20
② 30 ③ 12
④ 15 ⑤ 8
⑥ 35 ⑦ 25

11단계 C 71쪽

(위에서부터)
① 0.3, 3000 / 3000, 7000
② 0.2, 12000 / 12000, 48000
③ 0.24, 10800 / 45000, 10800, 34200

11단계 D 72쪽

① 80 / 0.8, 8000
② 70 / 0.7, 18200
③ 60 / 14900, 0.6, 8940
④ 85 / 29000, 0.85, 24650

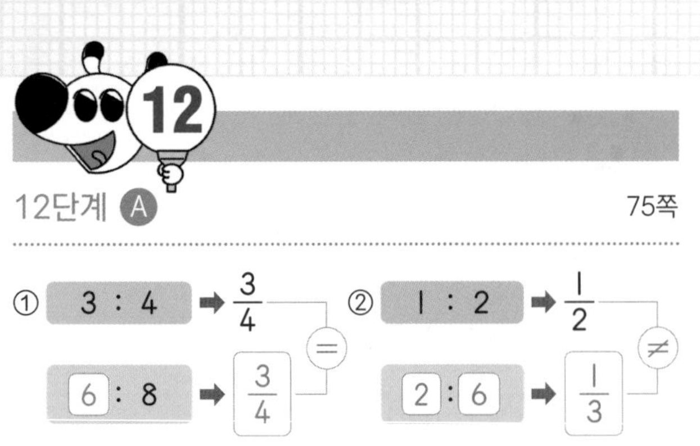

12단계 A

75쪽

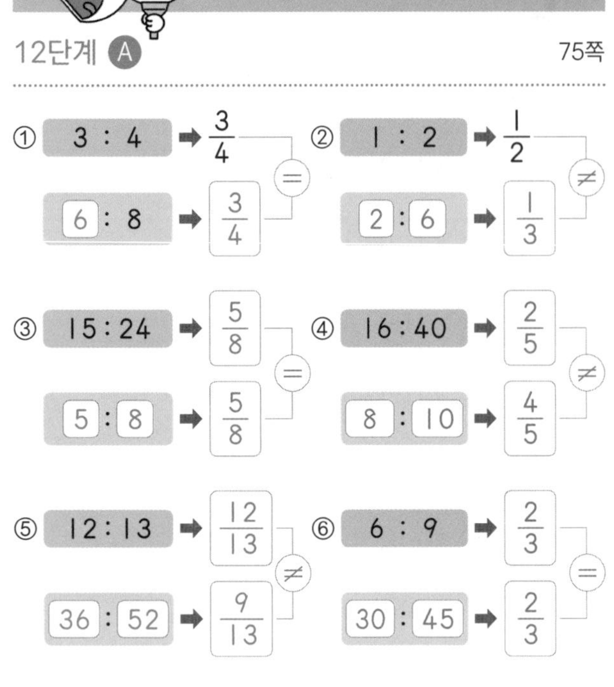

12단계 B

76쪽

12단계 C

77쪽

(위에서부터)

① 14, 6 ② 8, 15

③ 16, 9 ④ 18, 7

⑤ 28, 14 ⑥ 12, 3

⑦ 5, 24 ⑧ 3, 30

12단계 야호! 게임처럼 즐기는 연산 놀이터

78쪽

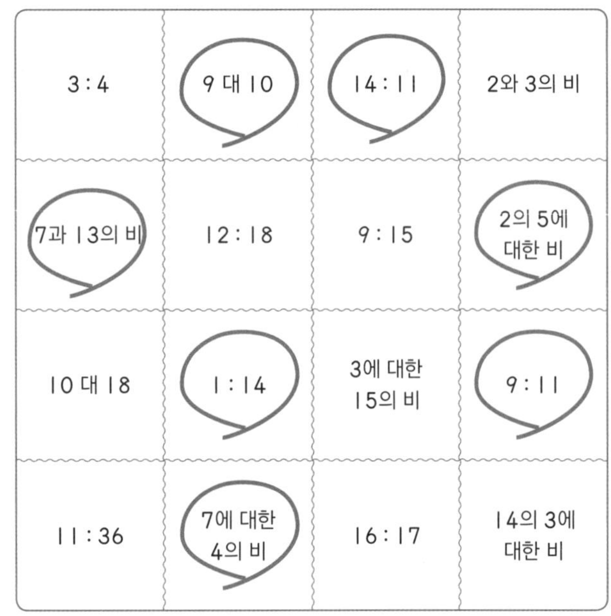

3 : 4	9 대 10	14 : 11	2와 3의 비
7과 13의 비	12 : 18	9 : 15	2의 5에 대한 비
10 대 18	1 : 14	3에 대한 15의 비	9 : 11
11 : 36	7에 대한 4의 비	16 : 17	14의 3에 대한 비

13단계 A

80쪽

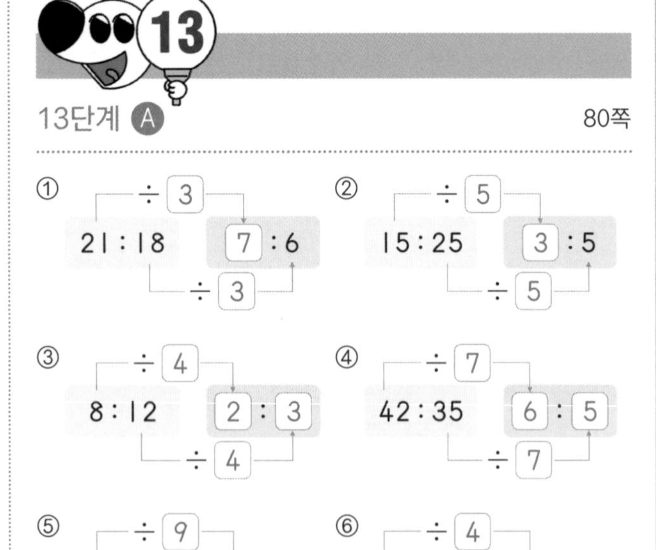

13단계 B

81쪽

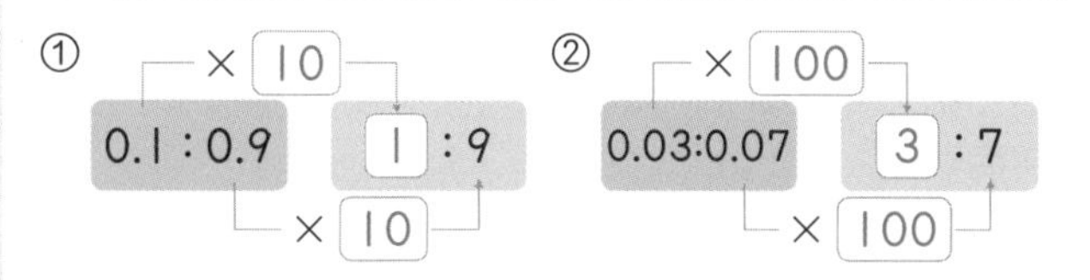

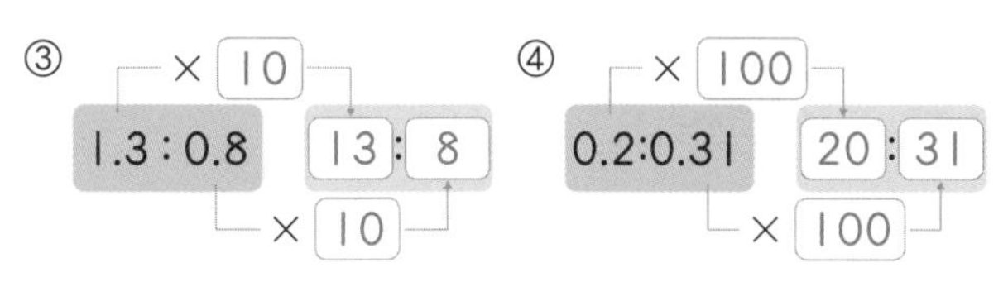

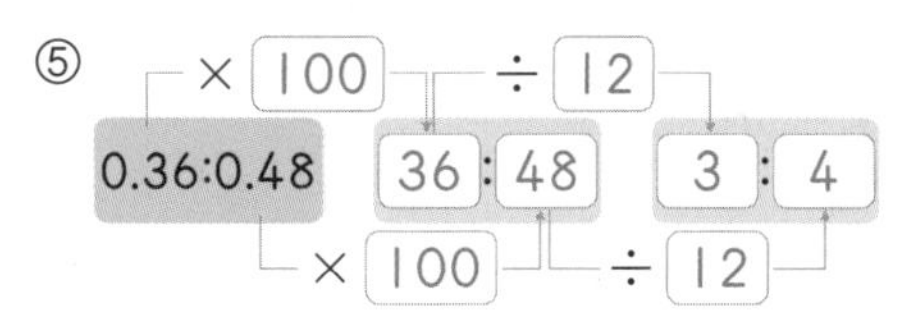

13단계 C

82쪽

① 7 : 5　　② 1 : 3

③ 7 : 11　　④ 5 : 9

⑤ 9 : 7　　⑥ 6 : 13

⑦ 5 : 9　　⑧ 10 : 3

풀이

⑥ 두 항에 각각 100을 곱하여 자연수의 비로 나타내면
0.72 : 1.56 ➡ 72 : 156이고
72와 156의 최대공약수는 12이므로
72 : 156 ➡ (72÷12) : (156÷12) ➡ 6 : 13
입니다.

⑧ 두 항에 각각 100을 곱하여 자연수의 비로 나타내면
1.1 : 0.33 ➡ 110 : 33이고
110과 33의 최대공약수는 11이므로
110 : 33 ➡ (110÷11) : (33÷11) ➡ 10 : 3
입니다.

13단계 야호! 게임처럼 즐기는 연산 놀이터

83쪽

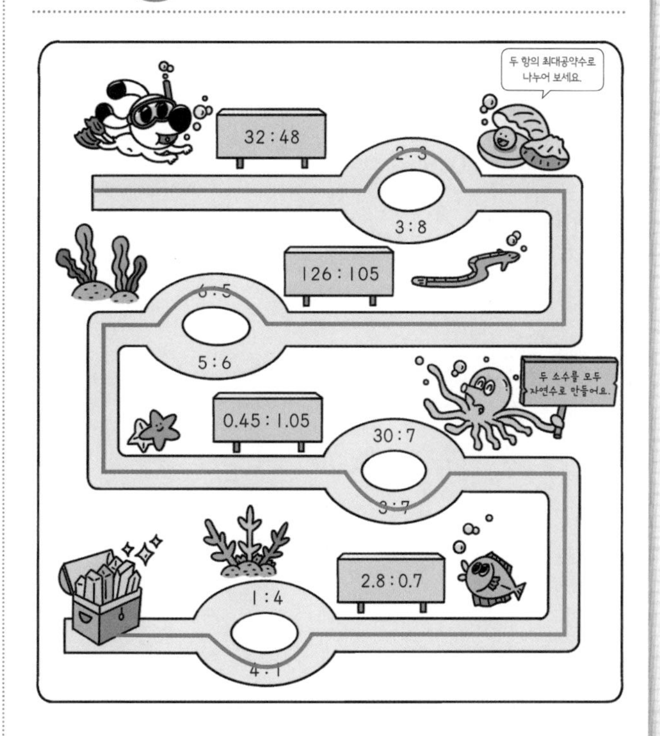

풀이

- 32 : 48 ➡ (32÷16) : (48÷16) ➡ 2 : 3
- 126 : 105 ➡ (126÷21) : (105÷21) ➡ 6 : 5
- 0.45 : 1.05
➡ 45 : 105 ➡ (45÷15) : (105÷15) ➡ 3 : 7
- 2.8 : 0.7 ➡ 28 : 7 ➡ (28÷7) : (7÷7) ➡ 4 : 1

14단계 A

85쪽

(위에서부터)

① 7, 7 / 4, 3　　② 9, 9 / 4, 5

③ 55, 55 / 5, 11　　④ 35, 35 / 7, 15

⑤ $\frac{5}{2}$ / 18, 18 / 45, 4　　⑥ $\frac{4}{3}$ / 12, 12 / 9, 16

14단계 B

86쪽

① 9, 9 / 3, 2

② 30, 30 / 21, 8

③ 14, 14 / 10, 9

④ $\frac{11}{8}$, 24, 24 / 33, 4

⑤ 40, 12 / 10, 3

⑥ $\frac{25}{21}$ / 15, 25 / 3, 5

14단계 도전! 땅 짚고 헤엄치는 문장제

87쪽

① 30 ② 7 : 4

③ 4 : 9 ④ 6

풀이

① 분모 10과 15의 최소공배수 30을 전항과 후항에 각각 곱하면 3 : 4입니다.

② $\frac{1}{2} : \frac{2}{7} \Rightarrow \left(\frac{1}{2}\times 14\right) : \left(\frac{2}{7}\times 14\right) \Rightarrow 7 : 4$

③ $\frac{5}{6} : 1\frac{7}{8} \Rightarrow \frac{5}{6} : \frac{15}{8} \Rightarrow \left(\frac{5}{6}\times 24\right) : \left(\frac{15}{8}\times 24\right)$
$\Rightarrow 20 : 45 \Rightarrow 4 : 9$

④ $1\frac{2}{9} : \frac{2}{3} \Rightarrow \frac{11}{9} : \frac{2}{3} \Rightarrow \left(\frac{11}{9}\times 9\right) : \left(\frac{2}{3}\times 9\right)$
$\Rightarrow 11 : 6$

15단계 A

89쪽

(왼쪽부터)

① 3 / $\frac{3}{10}$ / 9, 20

② 25, $\frac{1}{4}$ / $\frac{1}{4}$ / 2, 3

③ 8, $\frac{4}{5}$ / $\frac{4}{5}$ / 36, 40 / 9, 10

④ 15, $\frac{3}{20}$ / $\frac{24}{15}$, $\frac{3}{20}$ / 96, 9 / 32, 3

15단계 B

90쪽

(왼쪽부터)

① 4, 0.4 / 0.4 / 4

② 25, 0.25 / 0.25 / 25, 16

③ 2, 0.02 / 0.02 / 2 / 12, 1

④ 28, 0.28 / 0.28 / 28, 80 / 7, 20

15단계 C

91쪽

① 3 : 4 ② 9 : 13

③ 5 : 2 ④ 5 : 9

⑤ 3 : 10 ⑥ 24 : 77

⑦ 3 : 2 ⑧ 20 : 9

풀이

① $0.6:\frac{4}{5}$ ➡ $\frac{6}{10}:\frac{4}{5}$

➡ $\left(\frac{6}{10}\times10\right):\left(\frac{4}{5}\times10\right)$

➡ $6:8$ ➡ $3:4$

② $\frac{9}{20}:0.65$ ➡ $\frac{9}{20}:\frac{65}{100}$

➡ $\left(\frac{9}{20}\times100\right):\left(\frac{65}{100}\times100\right)$

➡ $45:65$ ➡ $9:13$

③ $1.5:\frac{3}{5}$ ➡ $\frac{3}{2}:\frac{3}{5}$ ➡ $\left(\frac{3}{2}\times10\right):\left(\frac{3}{5}\times10\right)$

➡ $15:6$ ➡ $5:2$

④ $2\frac{1}{2}:4.5$ ➡ $\frac{5}{2}:\frac{9}{2}$ ➡ $\left(\frac{5}{2}\times2\right):\left(\frac{9}{2}\times2\right)$

➡ $5:9$

⑤ $0.48:1\frac{3}{5}$ ➡ $\frac{12}{25}:\frac{8}{5}$

➡ $\left(\frac{12}{25}\times25\right):\left(\frac{8}{5}\times25\right)$

➡ $12:40$ ➡ $3:10$

⑥ $1\frac{5}{7}:5.5$ ➡ $\frac{12}{7}:\frac{11}{2}$

➡ $\left(\frac{12}{7}\times14\right):\left(\frac{11}{2}\times14\right)$

➡ $24:77$

⑦ $2.75:1\frac{5}{6}$ ➡ $\frac{11}{4}:\frac{11}{6}$

➡ $\left(\frac{11}{4}\times12\right):\left(\frac{11}{6}\times12\right)$

➡ $33:22$ ➡ $3:2$

⑧ $1\frac{7}{9}:0.8$ ➡ $\frac{16}{9}:\frac{4}{5}$

➡ $\left(\frac{16}{9}\times45\right):\left(\frac{4}{5}\times45\right)$

➡ $80:36$ ➡ $20:9$

15단계 야호! 게임처럼 즐기는 연산 놀이터 92쪽

비밀번호: 3 5 1 2

풀이

$1.25:\frac{3}{7}$ ➡ $\frac{5}{4}:\frac{3}{7}$ ➡ $35:12$

따라서 비밀번호는 3512입니다.

16단계 A 95쪽

① 2, 6 / 3, 4

② 8, 6 / 3, 16

③ 5, 28 / 7, 20

④ 1, 72 / 9, 8

⑤ 2, 30 / 5, 12

⑥ 0.16, 3 / 0.04, 12

⑦ $\frac{3}{8}$, 12 / $\frac{9}{10}$, 5

16단계 B 96쪽

① (위에서부터) = / $\frac{1}{4}$, $\frac{1}{4}$

② (위에서부터) 2 / = / 2

③ ≠

④ =

⑤ (위에서부터) = / 5, 8, 5, 8

⑥ =

⑦ ≠

풀이

⑤ 35 : 56 ➡ 5 : 8 ㊀ 15 : 24 ➡ 5 : 8

⑥ 8 : 18 ➡ 4 : 9 ㊀ 12 : 27 ➡ 4 : 9

⑦ 40 : 56 ➡ 5 : 7 ≠ 10 : 16 ➡ 5 : 8

16단계 Ⓒ 97쪽

① 5, 4 / 15 : 12=5 : 4

② 3, 2 / 4, 3 / 12 : 8=3 : 2

③ 18, 5 / 18, 5 / $\frac{3}{5}:\frac{1}{6}=1.8:0.5$

④ 5, 2 / 5, 2 / 2, 5 / $\frac{7}{20}:0.14=10:4$

풀이

③ • $\frac{3}{5}:\frac{1}{6}=\left(\frac{3}{5}\times30\right):\left(\frac{1}{6}\times30\right)=18:5$

• $1.8:0.5=(1.8\times10):(0.5\times10)=18:5$

④ $\frac{7}{20}:0.14=0.35:0.14=35:14=5:2$

16단계 야호! 게임처럼 즐기는 연산 놀이터 98쪽

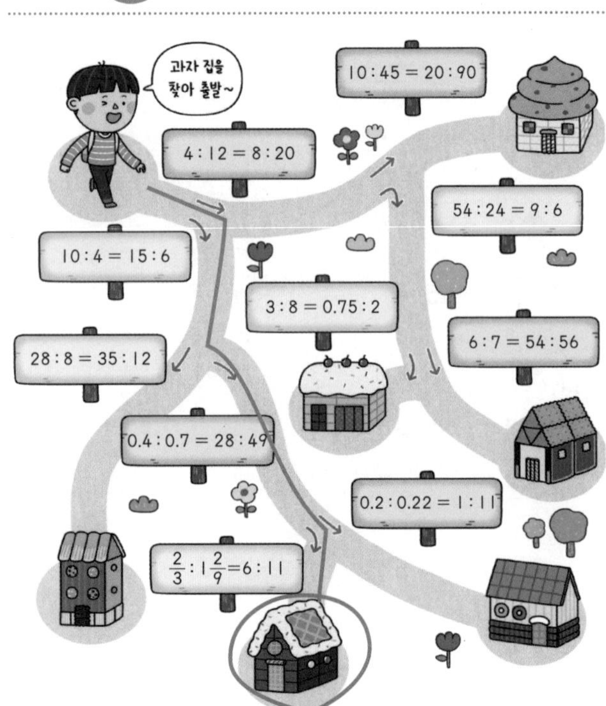

17

17단계 Ⓐ 100쪽

① 2, 6, 12 / 3, 4, 12

② 16×5=80
10×8=80

③ 36×4=144
16×9=144

④ 6.4×5=32
3.2×10=32

⑤ $\frac{2}{5}\times25=10$
$\frac{1}{3}\times30=10$

17단계 B 101쪽

① 200 / 200 / 8　② 180 / 180 / 15

③ 630 / 630 / 63　④ 168 / 168 / 6

⑤ 576 / 576 / 64　⑥ 825 / 825 / 15

17단계 C 102쪽

① 5　② 3

③ 42　④ 6

⑤ 4　⑥ 60

⑦ 10　⑧ 54

풀이

③ 12 : 21=24 : ★ ➡ ★=21×2=42 (×2, ×2)

④ 20×12=★×40, 240=★×40,
★=240÷40=6

⑤ 12×18=54×★, 216=54×★,
★=216÷54=4

⑥ 55 : 30=110 : ★ ➡ ★−30×2=60 (×2, ×2)

⑦ 16×40=★×64, 640=★×64,
★=640÷64=10

⑧ ★ : 63=18 : 21 ➡ ★÷3=18, ★=54 (÷3, ÷3)

17단계 D 103쪽

① 24　② 6

③ 3　④ 18

⑤ 10　⑥ 20

⑦ 5

풀이

① 8 : 7=□ : 21 ➡ □=8×3=24 (×3, ×3)

② □×14=4×21, □×14=84,
□=84÷14=6

③ 5×15=25×□, 75=25×□,
□=75÷25=3

④ 16 : 36=8 : □ ➡ □=36÷2=18 (÷2, ÷2)

⑤ □$\times\frac{3}{10}=18\times\frac{1}{6}=3$,
□$=3\div\frac{3}{10}=3\times\frac{10}{3}=10$

⑥ 15×3.2=□×2.4, 48=□×2.4,
□=48÷2.4=20

⑦ 4.8×□$=\frac{4}{5}\times30=24$, □=24÷4.8=5

17단계 도전! 땅 짚고 헤엄치는 문장제 104쪽

① 360, 300　② 280 mL

③ 예 2 : 3=4 : 6

풀이

① • 외항의 곱: 20×18=360
• 내항의 곱: 12×25=300

② 필요한 우유의 양을 ■ mL라고 하여 비례식을 세우면 다음과 같습니다.
15 : 200=21 : ■, 15×■=200×21,
15×■=4200, ■=4200÷15=280
우유는 280 mL가 필요합니다.

③ 곱이 같은 수 카드 두 장을 짝지어 비례식을 세우면
2×6=3×4 ➡ 2 : 3=4 : 6입니다.

18단계 Ⓐ 106쪽

① 40, 24 / 5, 3
② 49, 28 / 7, 4
③ 78, 60 / 13, 10
④ 45, 63 / 5, 7
⑤ 96, 108 / 8, 9
⑥ 70, 91 / 10, 13

18단계 Ⓑ 107쪽

① 5, 2
② 7, 5
③ 3, 8
④ 9, 14
⑤ 13, 7
⑥ 15, 17

18단계 Ⓒ 108쪽

① 4, 5 / 5, 4 / 20
② 7, 6 / 6, 7 / 18
③ 8, 9 / 9, 8 / 45

18단계 Ⓓ 109쪽

① 25
② 21
③ 49
④ 28

풀이

① 15 : 6 = □ : 10, 15 × 10 = 6 × □,
150 = 6 × □ ➡ □ = 25

② 21 : 9 = 49 : □, 21 × □ = 9 × 49,
21 × □ = 441 ➡ □ = 21

③ 35 : 40 = □ : 56, 35 × 56 = 40 × □,
1960 = 40 × □ ➡ □ = 49

④ 108 : 48 = 63 : □, 108 × □ = 48 × 63,
108 × □ = 3024 ➡ □ = 28

19단계 Ⓐ 111쪽

① $\frac{3}{7}$, $\frac{4}{7}$
② $\frac{9}{11}$, $\frac{2}{11}$
③ $\frac{7}{10}$, $\frac{3}{10}$
④ $\frac{5}{13}$, $\frac{8}{13}$
⑤ $\frac{5}{12}$, $\frac{7}{12}$

19단계 B 112쪽

① $\frac{3}{4}$, $\frac{1}{4}$

② $\frac{3}{13}$, $\frac{10}{13}$　③ $\frac{5}{14}$, $\frac{9}{14}$

④ $\frac{13}{19}$, $\frac{6}{19}$　⑤ $\frac{7}{11}$, $\frac{4}{11}$

⑥ $\frac{9}{20}$, $\frac{11}{20}$　⑦ $\frac{10}{27}$, $\frac{17}{27}$

19단계 C 113쪽

① $\frac{3}{7}$, 6 / $\frac{4}{7}$, 8　② $\frac{2}{5}$, 18 / $\frac{3}{5}$, 27

③ $\frac{4}{13}$, 16 / $\frac{9}{13}$, 36　④ $\frac{6}{11}$, 18 / $\frac{5}{11}$, 15

⑤ $\frac{5}{6}$, 40 / $\frac{1}{6}$, 8　⑥ $\frac{2}{7}$, 10 / $\frac{5}{7}$, 25

19단계 D 114쪽

① 8, 28　② 15, 25

③ 24, 8　④ 12, 14

⑤ 30, 24　⑥ 27, 33

⑦ 49, 35　⑧ 64, 24

풀이

① • $36\times\frac{2}{9}=8$　• $36\times\frac{7}{9}=28$

② • $40\times\frac{3}{8}=15$　• $40\times\frac{5}{8}=25$

③ • $32\times\frac{3}{4}=24$　• $32\times\frac{1}{4}=8$

④ • $26\times\frac{6}{13}=12$　• $26\times\frac{7}{13}=14$

⑤ • $54\times\frac{5}{9}=30$　• $54\times\frac{4}{9}=24$

⑥ • $60\times\frac{9}{20}=27$　• $60\times\frac{11}{20}=33$

⑦ • $84\times\frac{7}{12}=49$　• $84\times\frac{5}{12}=35$

⑧ • $88\times\frac{8}{11}=64$　• $88\times\frac{3}{11}=24$

19단계 야호! 게임처럼 즐기는 연산 놀이터 115쪽

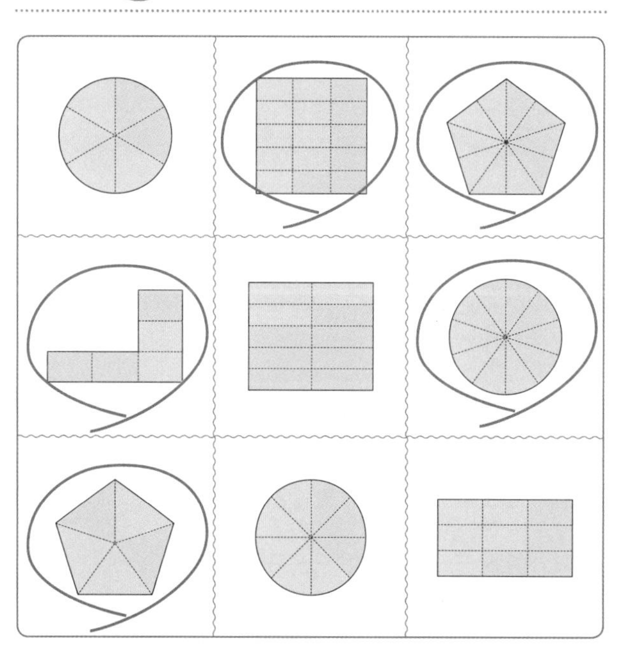

20단계 A 117쪽

① 15, 25

② 21, 12

③ 16, 20

④ 40, 16

풀이

② (선분 AB의 길이)$=33\times\frac{7}{11}=21$ (cm),

(선분 BC의 길이)$=33\times\frac{4}{11}=12$ (cm)

③ (선분 AB의 길이)$=36\times\frac{4}{9}=16$ (cm),

(선분 BC의 길이)$=36\times\frac{5}{9}=20$ (cm)

④ (선분 AB의 길이)$=56\times\frac{5}{7}=40$ (cm),

(선분 BC의 길이)$=56\times\frac{2}{7}=16$ (cm)

20단계 B 118쪽

① 28 / 28, 4, 16 / 28, 3, 12

② 45 / 45, $\frac{2}{9}$, 10 / 45, $\frac{7}{9}$, 35

③ 15 / 18

④ 24 / 18

풀이

③ (가로)+(세로)$=66\div2=33$ (cm)

➡ (가로)$=33\times\frac{5}{11}=15$ (cm)

➡ (세로)$=33\times\frac{6}{11}=18$ (cm)

④ (가로)+(세로)$=84\div2=42$ (cm)

➡ (가로)$=42\times\frac{4}{7}=24$ (cm)

➡ (세로)$=42\times\frac{3}{7}=18$ (cm)

20단계 C 119쪽

① 7, 3

② 5, 12

③ 3, 5

④ 1, 2

⑤ 6, 5

⑥ 5, 3

20단계 D

120쪽

① 2, 3 / 250, $\frac{2}{5}$, 100 / 250, $\frac{3}{5}$, 150

② 1, 1 / 180, $\frac{1}{2}$, 90 / 180, $\frac{1}{2}$, 90

③ 2, 1 / 324, $\frac{2}{3}$, 216 / 324, $\frac{1}{3}$, 108

21

21단계 A

123쪽

①

x	1	2	3	4	5	6
y	5	10	15	20	25	30

②

x	1	2	3	4	5	6
y	3	6	9	12	15	18

③

x	1	2	3	4	5	6
y	6	12	18	24	30	36

④

x	1	2	3	4	5	6
y	8	16	24	32	40	48

⑤

x	1	2	3	4	5	6
y	12	24	36	48	60	72

21단계 B

124쪽

①

x	1	2	3
y	4	8	12

/ 4

②

x	1	2	3
y	7	14	21

/ 7

③

x	1	2	3
y	10	20	30

/ 10

④

x	1	2	3
y	11	22	33

/ 11

⑤

x	2	4	6
y	4	8	12

/ 2

⑥

x	3	6	9
y	24	48	72

/ 8

21단계 C

125쪽

①

한 변의 길이 x (cm)	1	2	3
둘레 y (cm)	4	8	12

/ 4

②

공책 수 x(권)	1	2	3
내야 할 돈 y(원)	700	1400	2100

/ $y=700\times x$

③

철사의 길이 x (cm)	1	2	3
무게 y (g)	3	6	9

/ $y=3\times x$

④

연필 타 수 x(타)	1	2	3
연필 수 y(자루)	12	24	36

/ $y=12\times x$

풀이

① (한 변의 길이가 x cm인 정사각형의 둘레)
=4×(한 변의 길이)
➡ $y=4\times x$

② (공책 x권을 살 때 내야 할 돈)
=(공책 1권을 살 때 내야 할 돈)×(공책 수)
➡ $y=700\times x$

③ (철사 x cm의 무게)
=(철사 1 cm의 무게)×(철사의 길이)
➡ $y=3\times x$

④ (연필 x타에 들어 있는 연필 수)
=(한 타에 들어 있는 연필 수)×(타 수)
➡ $y=12\times x$

21단계 도전! 땅 짚고 헤엄치는 문장제 126쪽

① ㉡

②

x	1	3	5	8	10
y	13	39	65	104	130

③ $y=25\times x$

④ $y=40\times x$, 160 km

풀이

② $x=3$일 때 $y=13\times3=39$,
$x=5$일 때 $y=13\times5=65$입니다.
$y=130$일 때 $130=13\times x$이므로
$x=130\div13=10$입니다.

③ (x일 동안 읽은 쪽수)=(하루에 읽은 쪽수)×(날수)
➡ $y=25\times x$

④

시간 x(시간)	1	2	3	4
거리 y (km)	40	80	120	160

➡ $y=40\times x$

22

22단계 A 128쪽

①

x	1	2	4	5	10	20
y	20	10	5	4	2	1

②

x	1	2	5	6	15	30
y	30	15	6	5	2	1

③

x	1	3	5	9	15	45
y	45	15	9	5	3	1

④

x	1	3	4	12	15	60
y	60	20	15	5	4	1

⑤

x	1	3	6	18	24	36
y	72	24	12	4	3	2

22단계 B 129쪽

①

x	1	5	25
y	25	5	1

/ 25

②

x	1	2	4
y	8	4	2

/ 8

③

x	1	2	5
y	10	5	2

/ 10

④

x	1	2	7
y	14	7	2

/ 14

⑤

x	3	6	12
y	8	4	2

/ 24

⑥

x	2	4	6
y	18	9	6

/ 36

22단계 C 130쪽

①

사람 수 x(명)	1	2	4
한 명이 갖는 연필 수 y(자루)	64	32	16

/ 64

②

사람 수 x(명)	1	4	8
한 명이 마시는 물 양 y (L)	16	4	2

/ $y=\frac{16}{x}$

③

사람 수 x(명)	1	2	5
한 명이 갖는 쌀의 무게 y (g)	500	250	100

/ $y=\frac{500}{x}$

④

밑변의 길이 x (cm)	1	4	8
높이 y (cm)	40	10	5

/ $y=\frac{40}{x}$

풀이

① (한 명이 갖는 연필 수)×(사람 수)
=(전체 연필 수)

➡ $y\times x=64$ ➡ $y=\frac{64}{x}$

② (한 명이 마시는 물 양)×(사람 수)=(전체 물 양)

➡ $y\times x=16$ ➡ $y=\frac{16}{x}$

③ (한 명이 갖는 쌀의 무게)×(사람 수)
=(전체 쌀의 무게)에서

➡ $y\times x=500$ ➡ $y=\frac{500}{x}$

④ (평행사변형의 넓이)=(밑변의 길이)×(높이)

➡ $40=x\times y$ ➡ $y=\frac{40}{x}$

22단계 도전! 땅 짚고 헤엄치는 문장제 131쪽

① ㉢

② 3

③ $y=\frac{48}{x}$

④ $y=\frac{56}{x}$

풀이

② 관계식에서 x 대신 4를 넣어 y의 값을 구합니다.

$y=\frac{12}{x}=\frac{12}{4}=3$

③ (직사각형의 넓이)=(가로)×(세로)

➡ $48=x\times y$ ➡ $y=\frac{48}{x}$

④ (거리)=(속력)×(시간)

➡ $56=x\times y$ ➡ $y=\frac{56}{x}$

23단계 A

133쪽

①

$y \div x$	4	4	4
$y \times x$	4	16	36

/ 정비례

②

$y \div x$	36	9	4
$y \times x$	36	36	36

/ 반비례

③

$y \div x$	64	16	4
$y \times x$	64	64	64

/ 반비례

④

$y \div x$	7	7	7
$y \times x$	28	63	175

/ 정비례

⑤

$y \div x$	18	8	2
$y \times x$	72	72	72

/ 반비례

⑥

$y \div x$	11	11	11
$y \times x$	99	176	396

/ 정비례

23단계 B

134쪽

① 정

② 반 ③ 정

④ 반 ⑤ 반

⑥ 정 ⑦ 반

⑧ 정 ⑨ 정

23단계 C

135쪽

① $y=300\times x$ / 정

② $y=2000\times x$ / 정

③ $y=\dfrac{800}{x}$ / 반

④ $y=5\times x$ / 정

⑤ $y=\dfrac{24}{x}$ / 반

풀이

④ 오각형 1개의 변은 5개입니다.
(오각형 x개의 변의 수)$=5\times$(오각형의 수)
➡ $y=5\times x$

⑤ (흐르는 물의 양)
$=$(1시간에 흐르는 물의 양)$\times$(흐르는 시간)
➡ $24=x\times y$ ➡ $y=\dfrac{24}{x}$

23단계 도전! 땅 짚고 헤엄치는 문장제

136쪽

① ㉢ ② ㉠ ③ 반

풀이

① ㉠ $y=11\times x$는 정비례합니다.
㉡ $y\div x=8$ ➡ $y=8\times x$이므로 정비례합니다.
㉢ $y\times x=22$ ➡ $y=22\div x=\dfrac{22}{x}$이므로 반비례합니다.

② ㉠ $y=40\times x$이므로 정비례합니다.
㉡ $y=\dfrac{56}{x}$이므로 반비례합니다.
㉢ $y=\dfrac{3}{x}$이므로 반비례합니다.

③ 톱니 수의 비 $35:x$의 전항과 후항을 서로 바꾸면 회전수의 비 $x:35$가 됩니다.
회전수의 비를 비례식으로 나타내면
$x:35=9:y$이므로
$x\times y=35\times 9=315$입니다.
따라서 y는 x에 반비례합니다.